아이 키우는 엄마들에게 건네는 육아

아이 키우는 엄마들에게
건네는 육아

아이 키우는 일이 수월해지는
엄마 반, 아이 반 균형육아

정신건강의학과 전문의
정우열 지음

Balanced parenting

서랍의날씨

엄 마 도   사 람 이 다

직업 특성상 사람들의 마음속 이야기를 듣는다.

그런데 늘 깨닫는 건 '사람은 참 위대하구나'가 아니라 '사람은 생각보다 별로'라는 것이다. 머리로 생각하고 의지를 다해도 행동은 감정을 따라하게 되고, 또 돌아서면 후회하는 게 사람이다. 엄마 상담을할 때 느끼는 것 역시 비슷하다. '엄마는 모성애로 충만하구나'가 아니라 '엄마도 사람이구나'를 느낀다.

아이를 키우기 전에도 엄마 분들을 많이 만났다. 아이의 문제는 다달라도 엄마들이 가장 많이 하는 말은 두 가지였다.

"선생님, 제가 아이한테 자꾸 화를 내요."

"선생님, 저는 참 부족한 엄마예요. 아이가 잘 때 너무 미안해요."

그때마다 의사답게 솔루션을 드렸다.

"어머니, 화내지 마세요. 화내면 아이에게도 안 좋고, 엄마에게도 안 좋아요."
"자책하지 마세요. 엄마에게도 안 좋고, 아이에게도 전달되어 안 좋아요."

당시엔 솔루션을 드리면서 참 뿌듯했는데, 종종 아이들을 키우면서 그분들 생각이 나면 참 괴롭다. 주양육자가 되고 분노도 죄책감도 일부러 그러는 게 아니란 걸, 일부러 막는다고 막을 수도 없다는 걸 직접 경험했기 때문이다.

그런데 버럭하는 것도 반성하는 것도 각각 마음이 힘들지만 사실 더 힘든 게 있다. 화낼 거면 반성하지 말고 계속 화만 내든지, 반성할 거면 다음부터는 화내지 말든지 해야 하는데 이랬다저랬다 한다는 것이다. 엄마의 중요한 덕목이라는 '일관성'은커녕 극과 극으로 왔다갔다하니까 인격이 분열된 것 같기도 하고, 성격 파탄자가 된 것 같기도 하면서 내 인격에 대한 의구심이 든다.

누구나 좋은 엄마가 되고 싶다.
하지만 아이를 키우다보면 오히려 점점 더 나쁜 엄마가 되어 가는 느낌이 든다. 부정적인 감정을 억누르려고 애쓰지만 늘 실패하고 더 자괴감에 빠진다. 사실 감정을 조절하는 기능은 사람에게 있다. 이 기능에 문제가 생겼다면 그럴 만한 이유가 분명히 있는 것이다.

엄마도 사람이다.

분명 엄마들에겐 모성애가 있지만 모성애를 뛰어넘는 신체적, 심리적 한계에 부딪히면 감정적이 되는 '사람'이다. 감정 조절 못하는 자신의 모습을 볼 때마다 자괴감이 든다면, 그만큼 사람답게 살지 못하고 있다는 신호다. 아이를 키우는 일은 20년 이상의 마라톤과 같다. 모성애라는 이름으로 100미터 달리기하듯 전력질주하면, 결국 한계점에 부딪히고 완주하지 못한다. 마라톤은 페이스 조절이 중요하다.

엄마도 페이스 조절을 해야 한다.

당장 할 수 있는 일이어도 길게 보고 덜 해야 한다. 아이를 위한 돈과 시간과 에너지를 아껴서 나에게 투자해야 한다. 분명 쉽지 않은 일이다. 웬만큼 결심을 해서는 오래가지 않는 경우도 참 많다. 내가 원하지 않아도 '엄마'라는 존재에 대한 사회적인 집단 무의식의 영향을 받아와서, 엄마 역할과 상관없이 내가 하고 싶은 뭔가를 찾아보는 과정 자체가 왠지 찝찝하고 갈등이 되기 때문이다.

그렇더라도 엄마 역할과 상관없는 나의 영역을 찾아가야 한다.

신체적, 심리적 에너지가 회복되면 결국 가족에게, 그리고 아이에게 돌아간다. 요즘은 부모 역할이 너무 많아서 부담이 되는 게 현실이다. 그런데 아이에게 삶의 낙을 전해주는 것보다 더 중요한 부모 역할이 있을까? 육아라는 마라톤을 성공적으로 완주하기 위한 가장 중요한 마음가짐인, 엄마 반 아이 반 균형육아를 이 책에서 처음 언급했었다.

어느덧 시간이 지나 개정판을 내게 되었다.
그동안 이 책을 통해 변화된 육아관으로 긍정적인 양육의 선순환을 경험중이라는 피드백을 수없이 받았다. 독자들이 이 책을 통해 자신을 사랑하는 마음을 잘 챙기고, 페이스 조절을 잘해서 육아라는 마라톤을 끝까지 완주했으면 좋겠다. 무엇보다 행복한 엄마가 아닌 행복한 개인이 되면 바랄 것이 없겠다.

-육아빠 정우열

CONTENTS

Chapter 01

엄마 반 아이 반 거리두기 육아

: 항상 아이를 사랑하지 않아도 괜찮아요

아이에 대한 화가
조절되지 않을 때

아이를 키우다보면 화가 치밀어 오르는 순간이 많다.

나도 모르게 버럭 화를 내는 경우도 많다.

아이에게 화내는 걸 정당화할 수도 없고,

그렇다고 대수롭지 않게 여기기엔 뭔가 찜찜한 경험,

엄마라면 누구나 한 번쯤 있을 것이다.

이럴 땐 엄마 반, 아이 반이라는

균형의 관점에서 상황을 바라봐야 한다.

분노의 이유가 아이의 특정 모습, 특정 행동 때문이라면

잠을 잘 잤을 때도, 못 잤을 때도, 배가 부를 때도,

스트레스 받을 때도, 편안할 때도

비슷한 정도의 분노 반응이어야 한다.

하지만 실상은 그때그때 다르다.

분노가 반복된다면 아이가 아니라 엄마 관점에서 생각해야 한다.

분노 행동의 이유가 성격 문제, 또는 참을성 부족 때문이라면

결혼하기 전에도, 애를 키우기 전에도

분노를 수시로 하고 분노 행동을 수시로 했어야 한다.

요즘 유독 화가 난다면, 아이가 나쁜 행동을 해서가 아니라

유독 엄마가 마음을 다잡아야 할 게 아니라

더욱이 엄마 스스로에게 신경 써야 한다는 신호다.

'이건 좀 너무 하다' 싶을 정도로 아이에게 화가 난다면,

특히 엄마 자신에게 더 많이 신경을 써야 한다는 신호다.

그럼에도 분노 조절이 안 될 때, 아이에게 폭발할 것 같을 때,

소리 지르고 고함치고 싶을 때는 이런 생각을 하자!

"이 아이는 내 아이가 아니다."

왜 이런 생각을 해야 할까?

정신분석의 창시자 프로이트가 말한 '인간의 정신건강 지표'는

크게 '일할 수 있는 능력'과 '사랑할 수 있는 능력'이다.

육아는 분명히 일이다.

더구나 그냥 일이 아니고 사랑하는 사람을 위해 하는 일이다.

아이를 사랑하는 일은 육아에서 가장 중요하다.

'인간의 정신건강 지표' 두 가지가 완벽하게 접목되는 것이 육아라면,

엄마는 정신적으로 건강해야 한다. 하지만 현실은 그렇지가 않다.

육아는 '일'과 '사랑'이 구분되지 않기 때문이다.

엄마가 24시간 무한 사랑으로 아이를 대하는 것은 불가능하다.

불가능할 뿐 아니라 그렇게 해서도 안 된다.

24시간 아이와 붙어 있는 것 자체가

육아우울증의 주요 원인이기 때문이다.

아이에 대한 화가 조절되지 않을 때는

나도 모르게 나 자신을 압박하던

'나는 우리 아이를 항상 사랑해야 한다'는 생각을 잠시 내려놓자.

'한 사람을 사랑하는 것'과 '사람을 대하는 일'을

구분해야 한다.

잠시 내 아이를 사랑하지 않아도 문제가 되지 않는다.

'내 아이가 아니다'라는 마음을 가지면

아이에 대한 사랑은 잠시 멈추더라도
아이를 돌보는 '일'은 계속 할 수 있다.
심리적 거리가 어느 정도 유지되어야
오히려 감정 회복이 빠르고 아이를 더 잘 사랑할 수 있다.

어린이집이나 유치원 선생님을 생각해보자.
대부분의 선생님들은 아이에게 소리 한 번 지르지 않는다.
오히려 엄마보다 더 차분하고 부드럽게 대한다.
엄마는 내 아이 한두 명 대하는 것도 감정적으로 벅찬데
왜 선생님은 감정적으로 크게 흔들리지 않을까?
그건 바로 내 아이가 아니기 때문이다.

선생님도 자식에게는 분노 감정을 수없이 경험한다.
일과 사랑이 접목되었으니까.
하지만 원생은 남의 아이이기 때문에
내 아이만큼 사랑하지 않기 때문에
오히려 감정에 휘둘리지 않고 돌보는 게 더 수월한 것이다.

지나치게 화가 날 땐
'내 아이가 아니다'라고 생각을 전환하고
딱 10초만 유지해보자.

'나와 성격적으로 관련된 내 자식이다'

'문제의 원인이 나일지도 모르고

내가 문제를 해결해야 할 내 아이다'라는 생각에서

조금은 벗어날 수 있다.

그래야 엄마 스스로도 분노 감정을 객관적으로 인식할 수 있다.

그런 후에야 아이에게도 객관적일 수 있고,

아이가 원하는 걸 쉽게 파악한다.

결국 엄마 마음이 아이에게 잘 전달되어

나를 화나게 하던 아이의 행동이 조금씩 누그러진다.

아이와 심리적인 거리를 두는 것은 중요하다.

나와 관련된 내 아이라는 압박감이

사랑하는 내 아이를 돌보는 일을 더욱 힘들게 한다.

이 압박감에서 조금 벗어나면

오히려 아이를 더 잘 사랑할 수 있다.

Me-time

엄마가 24시간 무한 사랑으로

아이를 대하는 것은 불가능하다.

버럭하는 육아 일상에서
벗 어 나 고   싶 을   때

아이 깨우고 씻기고 먹이고 입히고
등원시키고의 일과는 무한 반복이다.
엄마 혼자만의 시간은 빛의 속도로 가고
또다시 아이 옷 벗기고 씻기고 먹이고,
아이와 놀아주고, 책 읽어주고, 양치시키고
재우고의 시간도 무한반복.
오늘만큼은 아이 재우고 혼자만의 시간을 가지려 했는데
아이 재우다 나도 잠들어버리는 똑같은 일상이 매일 반복된다.

매일 반복되는 게 또 하나 있다.
요즘 엄마들의 '낮버밤반'.

낮에 아이에게 버럭하고 밤에 자는 아이 보며 반성하는 일들.

그 다음 날 낮에 또 버럭하고, 밤에 또 반성하고

매일 무한반복된다.

아침에 등원이나 출근 준비할 때 버럭 하고,

낮에 평정심이 생기면 그 일이 생각나서 반성하고,

저녁에 아이를 보다보면 또 버럭 하고,

밤에 잠든 아이 보며 또 반성하고.

다음 날도 그 다음 날도 무한반복.

아이에게 화를 내는 것도,

그런 자신을 보며 죄책감을 갖는 것도,

노력한다고 해서 안 할 수 있는 건 아니다.

정반대의 감정이 반복되는 자신을 보고 있으면

엄마의 덕목처럼 여겨지는 '일관성'이 없는 것 같고,

인격이 극과 극으로 분열된 것 같은 느낌마저 든다.

하지만 과연 극과 극의 감정일까?

문제) 본능대로 하다간 인류가 멸망할 수 있어서

　　　잘 조절해야 하는 중요한 본능 2가지는?

답) 성욕 & 공격욕

성욕과 마찬가지로 공격욕 또한 누구에게나 있다.
하지만 엄마가 되면 바람직한 엄마 모습 같지 않아서
공격성을 과도하게 억누르는데 그러다보면 우울해진다.
실제로 심리학에서는 '공격성 억압'을 우울증의 원인으로 본다.

또 엄마로 살다보면 가장 중요한 생체리듬인
'먹고 자는' 패턴이 무너진다.
엄마는 못 먹고 못 자면서 아이 먹는 것과 자는 것에는
굉장히 신경을 많이 쓴다.
그러다보면 처음 몇 달, 몇 년은 버틸지 몰라도 결국엔 지친다.
몸과 마음이 지친 상태에서는 적절히 억누를 수 있었던 것도
더 이상 억누를 수 없게 된다.
오히려 쌓였던 것들이 한순간에 폭발한다.

공격성이 폭발해 드러나면 그 방향성은 크게 두 가지다.
남을 향하든지, 나를 향하든지.
남을 향한 공격성은 '낮버'(분노),
나를 향한 공격성은 '밤반'(죄책감)으로 나타난다.
표면적으로 분노와 죄책감은 상극 같지만

이면에는 공격성이라는 공통점이 있다.

공격성이 드러나는 건 우울한 마음과 관련이 많다.

실제로 우울증에 걸리면 과도한 죄책감을 경험한다.

아이러니하게도 자살뿐 아니라 폭력, 살인도 많이 한다.

-살인: 다른 사람에 대한 공격성 발휘

-자살: 자신에 대한 공격성 발휘

  ex) 우울증 엄마가 자식과 함께 동반자살

낮버밤반 극복에서 가장 중요한 것은

낮버밤반의 근본원인을 해결하는 것이다.

가장 중요한 생체리듬인 먹는 것과 자는 것의

흐트러진 패턴을 원래대로 회복해야 한다.

엄마가 되면 지금까지 살면서 한 번도 경험해보지 않은

수면 패턴의 변화를 경험한다.

낮이고 밤이고 푹 자지 못하고 한두 시간마다 깬다.

신생아 초기 2시간마다 젖 먹여야 해서

2시간씩 여러 번 잘 줄 알았는데 1시간 반마다 깨고,

젖먹이고 나면 트림시켜야 하고, 기저귀 갈고 자려고 하면

막상 아기가 깰까 봐 불안해서 잠이 오지 않는다.

그리고 진짜로 들린다, 그 소리가.

'응애 응애~~'

사람은 18시간 동안 잠을 자지 않으면 인지기능이 떨어지는데,

그 정도가 면허 정지에 해당하는

혈중알코올 0.05 퍼센트 상태와 비슷하다고 한다.

쉽게 말해 아침 6시에 일어나서 밤 12시까지 육아를 했다면

인지기능이 술 취한 상태처럼 되는 것이다.

인지기능이 떨어지면 집중이 안 되고

효율도 떨어질 뿐 아니라,

합리적이고 객관적인 생각을 할 수가 없다.

인지 왜곡(극단적으로 치우친 생각)이 그때 많이 일어난다.

ex) 나는 나쁜 엄마다. 우리 아이는 불쌍하다.

사실 이 연구는 밤 12시부터 아침 6시까지 푹 잔 경우의 이야기다.

보통 엄마들은 밤에도 자다 깨다를 반복한다.

아이가 100일의 기적이 일어날 때까지는 물론이고,

그 이후에도 이런저런 이유로 자주 깬다.

아이가 깨지 않아도 낑낑대는 소리만 내도 엄마들은 잠을 뒤척인다.

울음소리 환청이 들리기도 한다.

무엇보다 자다 깨는 것이 좋지 않은 이유는

사람을 감정에 취약하게 만들기 때문이다.

한 연구에서 똑같은 수면시간인데,

'자주 깨서 잠을 못 자는 그룹' '좀 늦게 자지만 쭉 자는 그룹'으로

나누어서 실험을 했다. 과연 결과는 어땠을까?

두 그룹 모두 자주 깨거나 늦게 자기 때문에

부정적인 기분이 동일한 패턴으로 증가했다.

하지만 자주 깨서 잠을 못 자는 그룹이

긍정적인 기분을 유지하기가 더 힘들었다.

자주 깨면 단순히 짜증나는 정도가 아니라

긍정적인 감정을 지속하기가 힘들다.

신생아 때가 지나 돌, 두 돌, 세 돌 지나며

아이의 수면은 점점 안정화되지만,

함정은 여전히 엄마는 자주 깬다는 것이다.

수면 패턴이 불안정한 시기가 길어질수록

그만큼 회복하기가 어렵기 때문이다.

그리고 불규칙적인 수면 패턴이 장기화되면

희한하게도 남성보다 여성이 영향을 더 많이 받는다.

한 연구 결과, 불규칙한 수면패턴이 단기간일 땐

여성이 기억력과 감정 조절에 강한 면모를 보이지만,

장기간일 때는 남성보다 더 약해진다고 한다.

이때 여성이 우울증에 걸릴 위험성이

남성의 경우보다 3배 높아졌다.

지금까지의 이야기에 공감하면서도

한편으로는 이런 생각이 들지도 모르겠다.

'아이랑 자는데 어떻게 안 깨고 잘 자나요?'

맞는 말이다. 하지만 거기에 답이 있다.

되도록 아이랑 자지 말아야 한다.

우리나라 문화상 아이가 어릴 때부터 따로 자는 건

여러 가지 고려사항이 많지만

최소 일주일에 한두 번이라도 아이 없이 꿀잠을 자야 한다.

엄마가 아닌 다른 누군가가 아이를 데리고 자야 된다.

지금 당신이 생각난 그 누군가가 데리고 자면 된다.

바로 남편이다.

"불규칙한 수면패턴이 단기간일 때엔

여성이 남성보다도 강한 면모를 보이지만

장기간 지속되면 남성보다 여성이 힘들어진다."

- 육아 = 마라톤 = 장기간

- 남성 = 남편

하지만 많은 엄마들, 특히 전업주부들은 반대로 생각한다.

남편이 잠을 못 자면 다음 날 일에 지장이 있다고.

물론 제대로 못 자면 일에 지장 있다.

하지만 육아도 일이다. 육아에도 지장이 있다.

강의할 때 질문해보면

아빠가 아이를 데리고 자는 경우는 별로 없다.

'아이가 엄마랑만 자려고 한다'는 게 가장 많은 이유였다.

아이 입장에서는 당연하다. 처음부터 엄마랑만 잤으니까.

아이는 그게 익숙하다.

다음은 아이와 분리되어 자는 방법이다.

1. 홍수법

극단적인 예지만 엄마만 자가격리된 경우,

친정이나 본가 도움 없이 아이와 자야 하는 상황에서,

아빠는 아이와 지지고 볶다가 며칠 안에 잘 데리고 잔다.

2. 단계적 노출법 (한두 달 이상 길게 적용)

- 처음엔 엄마 아빠 다 같이 자기

→ 아이 잠들면 엄마 슬쩍 빠지기

→ 아이 잠들기 10분 전에 엄마 빠지기

→ 아이 잠들기 20분 전에 엄마 빠지기

→ 이 모든 과정 중에 아이가 눈치 채고 강하게 거부하면

 다시 그전 단계부터 시도하기

실은 두 가지 방법 모두 고소공포증, 물공포증, 새공포증처럼
특정 대상에 공포가 있는 이들을 위한 공포증 치료법이다.
아이에겐 엄마 없이 아빠와 자는 게
그만큼 공포처럼 다가올 수 있다.

사람은 사람답게 살아야 사람다운 마음을 가질 수 있다.
하지만 많은 엄마들이 사람답게 사는 것의 기본인
잠조차 제대로 자지 못한다.
기러기 아빠나 싱글맘의 경우엔
부모님, 형제 집에 일주일에 한 번만이라도
아이를 맡기고 아이 없이 푹 자야 한다.

도움 받을 사람이 전혀 없는 분들은

돌보미 서비스를 이용하거나

어린이집에 계획보다 일찍 보내

낮잠이라도 푹 자는 것 또한 한 방법이다.

일주일에 한두 번 아이와 따로 잔다고 해서

애착 문제라든지 각종 육아 문제가 생기지 않는다.

오히려 엄마가 잠을 자지 못해 인지기능과 감정 조절 기능이 떨어지면

애착 형성의 3요소인 민감성, 반응성, 일관성에 문제가 생긴다.

엄마의 인지기능과 감정 조절을 위해서라도

정기적인 꿀잠을 꼭 사수하자.

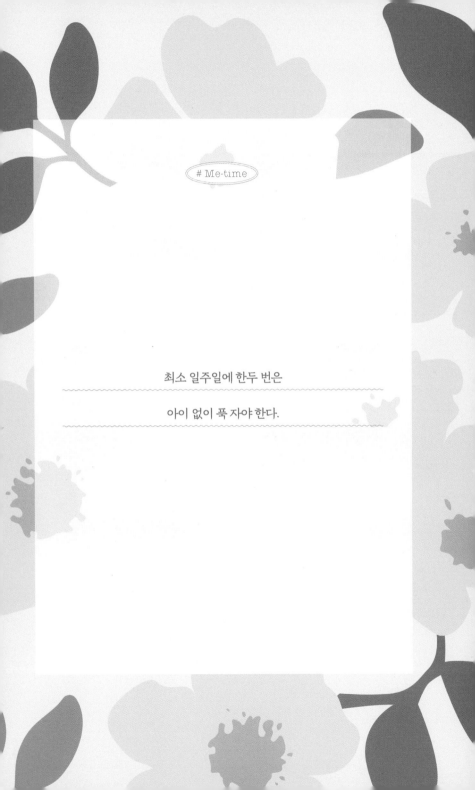

Me-time

최소 일주일에 한두 번은

아이 없이 푹 자야 한다.

아 이 에 게   지 나 치 게
미 안 한   마 음 이   들   때

〈초간단 심리테스트 1〉

엄마가 되고 케이크를 보면 생각나는 생일은?

① 아이 생일   ② 남편 생일   ③ 내 생일

자신의 생일이 가장 먼저 생각난다면

심리적으로 건강한 엄마다.

보통 아이를 키우는 분들이 아이 생일을 떠올린다.

〈초간단 심리테스트 2〉

놀이터에서 만난 다른 엄마가

"이름이 뭐예요?"라고 물어볼 때. 누구 이름을 말하는 걸까?

① 아이 이름   ② 엄마 이름

〈초간단 심리테스트3〉

키즈카페에서 만난 멋진 아빠가 "몇 살이에요?"라고 물어볼 때.

누구 나이를 말하는 걸까?

① 아이 나이   ② 엄마 나이

놀이터나 키즈카페라는 환경에서는

보통 아이의 이름이나 나이를 지칭하는 게 통상적이다.

하지만 모두 2번을 골랐다 해도 심리적으로 건강한 엄마다.

아이와 자신에게 향한 마음의 분담 정도만 보면

엄마 반 아이 반 균형 육아에 근접했기 때문이다.

정상적으로 발달한 아이들은 두 돌, 세 돌 정도가 되면

심리적으로 엄마와 어느 정도 분리 가능한 대상항상성이 생긴다.

엄마가 당장 보이지 않아도 어딘가에 있다는 믿음이 있어

궁금한 게 참 많은 세상을 편안한 마음으로 탐색할 수 있다.

아이는 그렇게 잘 자라고 있음에도

정작 엄마가 심리적으로 아이와 분리가 되지 않는 경우가 많다.

아이와 나는 독립적인 인격체라는 걸 알고 있지만

자신과 아이가 구분되지 않는 것이다.

엄마가 아이가 되어 살고 있는 경우가 많다.

슬프게도 엄마 자신과 아이와의 구분은 쉽지 않다.

엄마가 됨과 동시에 20~30여 년 동안 불려온 내 이름 대신,

'누구 엄마'라는 새로운 이름에 익숙해져 살아가기 때문이다.

지금까지 내 모습과는 전혀 다른 정체성을 부여받는 셈이다.

하지만 아무리 누구 엄마로 살더라도

자기 자신이 없는 삶이 지속되다보면

결국엔 거부 반응이 나오기 마련이다.

아이 챙겨주고 자신도 챙기면 좋은데

아이를 키우다보면 그게 잘 되지 않는다.

챙기는 것도 아이 중심으로 자꾸 쏠린다.

그럴수록 엄마 자신은 점점 사라져간다.

그래서 가끔은 의도적으로라도

아이 아닌 엄마 자신을 위한 것을 찾아야 한다.

그래야 균형 육아가 이루어지고,

그래야 엄마가 심리적으로 건강해지고,

아이도 심리적으로 건강하게 잘 자란다.

'엄마 정체성' 이야기를 하는 이유는

엄마들만 경험하는 과도한 죄책감을 극복하는 팁이

이 정체성에 있기 때문이다.

아이를 키우며 언제 죄책감을 느끼는지 한 번 생각해보자.

- 나는 혼합수유 하는데, 완모하는 엄마를 볼 때

- 나는 이유식 사 먹이는데, 직접 해 먹이는 엄마를 볼 때

- 전업맘인데 세 돌 전에 어린이집 보낼 때

- 아이가 아파도 어린이집에 보내야 할 때

- 남들은 아이를 좋은 곳 데려가는데 난 데려가지 못할 때

- 아이에게 늘 온화하고 부드러운 모습을 보이지 못할 때

이외에도 하나하나 나열할 수 없을 정도로 수두룩하다.

'기승전 엄마잘못'처럼 여겨진다.

양육 죄책감은 자기가 생각하는 이상적인 양육 행동에

미치지 못할 때에 유발된다.

프랑스 육아 책들이 베스트셀러인 적이 있었다.

프랑스와 한국은 여러 가지 설정이 다르지만

프랑스 엄마들이 양육 행동과 관련된 죄책감을

많이 갖지 않는 점은 한 번쯤 생각해볼 부분이다.

책을 읽은 사람들이나 살다 온 사람들은 알겠지만

프랑스 엄마들은 요가 수업이나 미용실에 가는 등,

자신을 가꾸는 것에 죄책감을 느끼지 않는다.

거실을 아이 물건으로 채우지 않고 모유수유도 한 달 만에 끊는다.

우리는 아이 생각에 그게 잘 안 되는데

그들은 가능한 이유가 무엇일까?

분노가 마음대로 조절되지 않는 것처럼

양육 죄책감도 마찬가지다.

그래서 의지로 극복하는 것보다는 다른 관점에서 접근해야 한다.

그건 바로 자기 자신에게 집중하는 것이다.

엄마가 아닌 자신의 정체성을 놓지 않는 것이다.

엄마가 되더라도 자기 자신은 그대로고

엄마라는 정체성 하나가 추가되었을 뿐인데,

자기도 모르는 사이에 점점 자신은 없어지고

엄마라는 정체성으로 갈아타버린다.

자신이 아예 없어지면 그나마 다행일 텐데

엄마도 사람이라서 그게 되지 않는다.

엄마가 아닌 자신의 정체성에 대한 소망이

무의식 안에 머물러 있다가 어느 순간 터져 나와서 폭발한다.

아이가 내 바람대로 자라지 않는 것 같을 때,

머리로는 그걸 이해하면서도

감정적으로는 과도한 반응이 나온다.

엄마에겐 아이의 삶이 곧 자신의 삶이기 때문이다.

아이가 엄마를 떠나 독립할 때는 혼란스러워

우울증에 빠지는 경우도 많다.

아이에게 미안할수록 아이에게 잘해주려고 노력하기보다,

반대로 엄마 자신에게 잘해주려고 노력하자.

아이에게 잘해주려고 노력할수록 이상적인 육아에 집착하고,

현실과의 괴리감으로 또다시

죄책감이 유발되는 악순환을 겪기 때문이다.

아이와 상관없는 엄마 스스로의 삶을 잘 챙기고,

몸과 마음이 편해져야

'죄책감'이라는 나를 향한 공격성이 조절된다.

그래야 인지 왜곡으로 인한 지나친 죄책감에서

조금이라도 벗어날 수 있다.

또 안정된 마음으로 아이를 더 잘 키울 수 있다.

꼭 일이나 거창한 취미생활을 하라는 게 아니다.

정기적으로 먹고 싶은 걸, 먹고 싶은 사람과 먹어야 한다.

자고 싶으면 아이를 맡기고 꿀잠 자야 한다.

보고 싶은 게 있으면 아이가 아닌

혼자 또는 친구와 보러 가야 한다.

정기적으로 엄마 자신을 위한 삶을 계획하자.

그것이 과도한 죄책감을 근본으로 하는

나쁜 엄마 콤플렉스를 벗어나는 방법이기도 하고,

엄마도 아이도 심리적으로 건강해지는 비결이다.

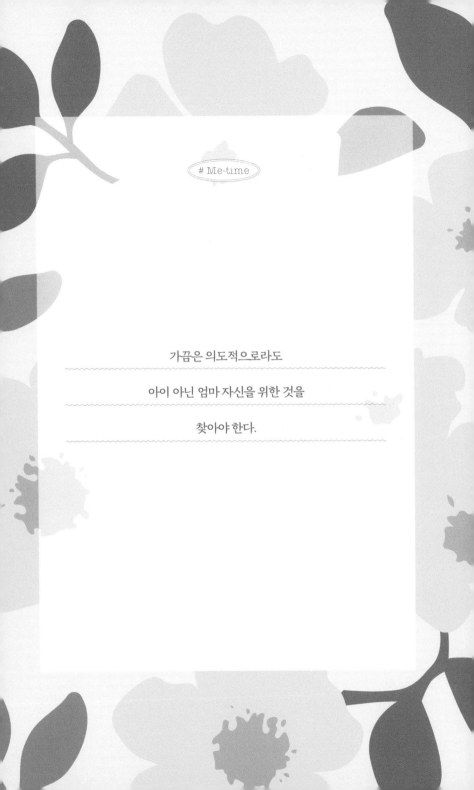

가끔은 의도적으로라도

아이 아닌 엄마 자신을 위한 것을

찾아야 한다.

아 이   재 우 면 서
긴   장 될   때

처음 9개월 동안 기다린 아기가 태어나면 참 예쁘다.

특히 잠든 모습은 더 사랑스럽고 예쁘다.

하지만 어느 순간부터 아기는

재우려고 눕히면 바닥을 본능적으로 거부하기 시작한다.

100일의 기적이 지나고, 낮과 밤 구분도 생기고, 통잠도 자면

다 키운 것 같지만 그것도 잠시다.

2~3시간씩 낮에 통잠을 자주면 그동안 푹 쉴 줄 알았는데

밀린 집안일들이 눈에 보여 쉴 수가 없다.

아이가 깰까 봐 조심조심 소리 안 나게 일하고,

그릇 소리 날까 봐 밥도 제대로 먹지 못하다보면

아이가 잘 때조차 긴장하는 자신을 발견한다.

혹시 택배 올까 봐, 핸드폰 울릴까 봐, 인터폰 울릴까 봐
마음이 편하려야 편할 수가 없다.
그리고 우려하던 일이 진짜로 일어나면,
특히 그것 때문에 아기가 깨면
온몸이 부르르 떨릴 정도로 짜증이 난다.
그래도 좋은 엄마이고 싶어서,
그 마음 꾹 누르거나 숨긴 채 깨어난 아이를 대한다.

아이가 커갈수록 낮잠과 밤잠을
거부하는 것 역시 아이들의 공통 현상이다.
특히 내일의 개념이 없는 두 돌 미만의 아이들은
밤잠을 엄마와 떨어지는 무서운 순간으로 인식해
최대한 거부하고 억지로 재우면 울기도 한다.

엄마 입장에서는 아이 재우고 할 일이 많은데,
할 일이 없더라도 나만의 시간을 갖고 싶은데,
아이가 제때 잠을 자지 않는 날엔 화가 날 때가 있다.
아이가 잠든 시간에 따라 삶의 질이 달라지기 때문이다.

엄마는 아이의 밤잠을 위해 낮 동안 활동량도 늘려보고,

세수하고, 양치하고, 책 읽어주고, 불 끄고 이야기해주고

토닥여주는 등의 수면의식을 규칙적으로 해보기도 한다.

안정된 수면습관을 위해 이런저런 노력을 한다.

엄마가 자는 척하면 아이들도 포기하고

잔다고 해서 도전해보니,

정말로 아이가 잘 자는 것 같은데

이 방법엔 생각지도 못한 함정이 있다.

바로 엄마도 같이 잠들어버린다는 점이다.

이 방법도 저 방법도 맞지 않는 것 같고 잠은 잘 재워야겠고,

그러다보니 아이 재울 시간만 되면 조바심이 생기고 긴장이 된다.

'오늘은 몇 시에 잠들까?'

'재우고 나서 뭐 하고 뭐 하고 뭐 해야지' 하면

어느새 생각이 많아진다.

하지만 아이는 엄마 마음은 모른 채

목이 마르지도 않은 것 같은데 물 달라고 하고,

갑자기 옛날이야기 해달라고 하고,

심지어 배고프다고 하며 잠시간을 점점 늦춘다.

애가 둘 이상이면 자기들끼리 낄낄거리며 빵빵 터지고

점점 흥분하고 각성되다보면 잠에서 점점 더 멀어진다.

유난히 할 일이 많은 날,

아이는 평소보다 더 잠을 거부하거나 늦춘다.

가뜩이나 아이 재운 후 이런저런 할 일들을 생각하면

조바심과 긴장이 생기고,

'아이가 늦게 잠들면 일을 시작하는 시간이 늦어지고,

내가 잠드는 시간은 더 늦어지니 나는 내일 더 피곤할 텐데' 하는

생각이 반복되다보면 더 긴장되고 더 조바심이 생기고

그러다 폭발할 것 같은 마음이 든다.

진짜로 아이가 쉽게 잠들지 않으면 아이에게 버럭하는 엄마들이 많다.

수면습관에서 가장 중요한 '평화'로워야 할 잠자리가

'공포' 분위기로 바뀌고 나서야 아이는 잠이 든다.

새근새근 자는 아이를 보면 아까 기를 쓰고 안 자려던 아이와는

전혀 다른 얼굴로 보인다. 말 그대로 천사 같다.

머리로는 여유를 가지고 아이에게 편안한 잠자리를

만들어주고 싶지만, 마음은 늘 조급하고 긴장한 나머지

불편한 잠자리를 만들어주는 이유가 뭘까?

사람이 사람답게 살기 위해

가장 중요한 것 중 하나는 바로 잠이다.

우리는 그걸 머리로 인식하지 못하더라도

마음은 본능처럼 알고 있다.

그래서 내 잠에 조금이라도 방해가 되면

그게 누구든, 심지어 아이일지라도 감정이 편안할 수가 없다.

필사적으로 내 잠을 지키고 싶은 것이 본능이다.

아이의 수면은 엄마의 수면과 직결되니

아이의 수면에 관대하려야 관대할 수가 없는 것이다.

아이가 잠들랑말랑할 때,

늦게 퇴근한 남편이 현관문 쾅 열고 들어올 때는 말할 것도 없고,

아주 조심스럽게 현관문 열고 종종걸음으로 들어오더라도,

그 작은 소리가 소음처럼 느껴진다.

아이를 키운 후 남편과의 잠자리조차도

잠의 또 다른 방해 요소로 여겨져 자꾸 거부하는 이유가 그것이다.

이 모든 게 내가 천성이 나쁜 아내라서

인내심이 부족한 엄마라서가 결코 아니다.

아이가 잠만 잘 자주면 아이 키우는 일이 수월할 것 같은데,

수면습관을 잡아주기 위해 아무리 노력해도

아이의 기질이 천차만별이다보니

잘 적용되는 아이도 있고 그렇지 않은 아이도 있다.

어떻게 하면 아이 재울 때마다 경험하는

조급함과 분노의 감정을 덜 경험하고

나만의 시간도 확보할 수 있을까?

그건 바로 밤이 아닌 새벽을 활용하는 것이다.

예를 들어, 9시에 자서 3-4시에 일어나기,

10시에 자서 4-5시에 일어나기.

아이와 뒹굴다 함께 잠들면 되니

먼저 긴장감과 조바심이 조금은 줄어든다.

엄마가 편안한 마음이면 아이도 편안한 마음이 되어

전보다 조금 수월하게 잠든다.

엄마가 아이보다 먼저 잠들기도 하니 아이도 금방 따라 잠들기도 한다.

이외에도 새벽을 활용하면 장점이 또 있다.

엄마에게 가장 필요한 안정적인 감정 상태를

처음부터 형성해준다는 점이다.

아이를 재운 뒤 나만의 시간을 갖게 되면,

하루 동안 아이를 돌보며 경험한

분노, 죄책감, 조급함, 우울, 불안 등의

복잡한 감정이 해결되지 않은 상태가 된다.

그럼 그 감정을 해결하느라 또 많은 시간을 보내야 한다.

그 감정에 압도되어 그냥 시간을 허비하기도 한다.

그런데 먼저 잠을 자고 나만의 시간을 가지면

새로운 감정 상태에서 차분하게

나만의 시간을 효과적으로 사용할 수 있다.

수면의 중요한 기능 중의 하나가 바로 감정의 리셋 기능이다.

새벽형 인간으로 살아본 적이

단 한 번도 없었더라도 시도해보자.

같은 새벽도 다르게 느껴지고

삶의 질도 전보다 높아진다.

Me-time

엄마가 편안한 마음이면

아이도 편안한 마음이 되어

전보다 조금 수월하게 잠든다.

쉬어도 쉬어도
피곤할 때

아이는 누군가의 도움 없이는
몇 시간도 살 수 없는 존재다.
그리고 엄마는 누가 시키지 않아도
아이를 잘 키워야 한다는 마음이 크다.
아이는 작은 위를 가지고 있어서 배고픔을 느낄 때마다
그 작은 몸에서 쉬지 않고 울음소리를 내기도 하고,
배고픔, 졸림, 아픔 등 신체적인 고통 상황에서 울기도 하고,
무서움, 두려움, 공포, 불안 등 심리적인 고통 상황에서 울기도 한다.

시간이 흐를수록 아이 울음소리에 점점 익숙해질 것 같은데,
엄마로 살다보면 아이 울음소리에 오히려 점점 더 민감해진다.

한 생명을 지키고자 하는 책임감이 발휘되기 때문이다.

그래서 아무리 내 몸이 힘들어도

더 이상 짜낼 힘이란 게 없어 보여도 어디선가 힘이 또 생겨난다.

더구나 아이에게 민감해져야

그만큼 재빠르게 아이의 요구에 반응할 수 있어,

민감함을 넘은 예민함까지도 주욱 지니고 산다.

아이 생존에 책임감이 있는 건 엄마의 바람직한 마음이다.

하지만 그 기준이 점점 높아진다는 점이 문제다.

아이가 자랄수록 먹이고 재우는 게 전부가 아니기 때문이다.

엄마들은 아이의 신체적 성장뿐 아니라

인지적, 정서적 영역까지 포괄하는 심리적 발달까지도 챙겨야 한다.

그러려면 가정의 분위기를 좋게 유지해야 하고,

다른 가족 구성원의 비위도 맞춰야 한다.

모두 내 아이를 위해서다.

그렇게 엄마들은 슈퍼우먼이 되어간다.

책임감으로 일을 하고, 살림을 하고,

부부관계를 유지하고 양가 부모님을 대한다.

하지만 '엄마도 사람'인지라 몸과 마음에 한계가 온다.

동시에 나에 대한 책임감은 점점 약해진다.

아이에 대한 책임감의 영역이 확장되는 동안

자신에 대한 책임감의 영역은 점점 줄어드는 것이다.

그러다보면 나 자신을 위해 돈을 쓰는 것도,

시간과 에너지를 쓰는 것도 모두 이기적인 것처럼 생각된다.

아이의 생존으로부터 시작된 책임감이

가족 모두의 생존을 위한 책임감으로 커져

결국 자신을 희생하게 만드는 것이다.

사람은 생존에 한번 초점이 맞춰지면

생존과 관련되지 않은 활동을 할 때에 불안을 느낀다.

결국 생존 이외의 욕구에 무관심해지고

그 욕구 자체에도 무뎌지는 것이다.

하지만 결국엔 한계가 온다.

누가 봐도 대단할 정도로 열심히 사는데,

훌륭한 엄마라는 소리를 주변에서 해주는데

그럴수록 힘이 나기도 하지만

그럴수록 뭔가가 소진되는 느낌을 받는다.

성실히 살면 살수록 여유가 생겨야 하는데

성실히 살면 살수록 더 바쁜 느낌이 든다.

이전처럼 많은 걸 하기엔

더 이상 몸과 마음이 예전 같지 않기 때문이다.

자주 깜빡깜빡하고 뭘 하든 집중이 잘 안 되고

순간순간 혼란이 오기도 한다.

아이가 엄마라고 몇 번을 불러야 그 소리가 들리기도 하고,

이미 들은 이야기가 새롭게 들리기도 한다.

이유 없이 우울해지고 불안해지고

감정 기복이 심해지고 짜증이 나는 등, 감정이 예전 같지 않다.

아이니까 그러려니 하던 것들도

참을 수 없는 행동으로 여겨지고

이미 포기한 남편의 행동들도 다시 참을 수 없게 된다.

이러한 몸과 마음의 혼란을 경험하면서

정신을 차리려고 애를 쓰지만,

그걸 또 자신의 책임감 부족으로 여긴다.

자책한 나머지 해결은커녕 점점 더 지치는 악순환이 반복된다.

대체 왜 이럴까?

그것은 바로 심리적·신체적으로 무리를 하면 충전이 필수인데

엄마로 살면서 충전 없이 계속 지냈기 때문이다.

이미 초반에 소진되었어야 마땅한데,

그동안 책임감이 나를 채찍질해서

다시 힘을 낼 수 있었던 것이다.

하지만 결국엔 모두 소진된다.

아이를 키우며 늘 피곤한 이유다.

집중이 안 되고 깜빡하는 것도,

감정 조절이 안 되어 화를 참을 수 없는 것도

신체의 일부인 뇌가 소진된 것이다.

그럼 충전은 어떻게 할까?

사실 쉬고 싶어도 쉴 수 없고, 쉴 시간이 주어져도

뭘 하고 쉴지 모르는 게 많은 엄마들의 공통점이다.

취미생활을 가져보려 해도 아무것도 할 수 없을 것만 같고,

취미조차도 책임감을 가지고 수행하려다 보니,

취미 자체가 부담으로 다가온다.

책임감과 충전은 공존할 수 없다.

충전할 때만큼은 이 책임감을 철저히 배제해야 한다.

엄마에겐 누구나 두 가지 마음이 있다.

① 엄마 같은 나 ② 아이 같은 나

엄마 같은 나는 그 영역이 점차 확장되는데,

아이 같은 나는 그 영역이 점차 줄어든다.

누군가 돌봐줘야 할 아이 같은 나인데

아무도 챙겨주지 않아 그 영역이 줄어드는 것이다.

그러니 나 스스로라도 책임감과는 거리가 먼

아이 같은 나의 영역이 줄어들지 않게 지켜줘야 한다.

엄마로 살다보니 언제부턴가 책임감으로 늘 무장하고 산다.

책임감은 모성애와 관련이 많아서,

조금 느슨해지려고 하면 죄책감과 불안이 습격한다.

사람은 뭐든 벗어나길 원했던 것이어도 익숙해지면

잘 벗어나지 못하는 습성이 있다.

연애할 때에 나쁜 남자에게 고생했으면서

또 나쁜 남자를 선택하는 것도,

학대하는 남편으로부터 벗어나지 못하는 것도

다 그런 습성 때문이다.

여유로운 나만의 시간을 가지려 해도, 또 취미를 가지려 해도,

내 몸과 마음을 좀 가꾸려 해도

잘 되지 않는 이유 또한 마찬가지다.

책임감을 배제하는 게 익숙하지 않기 때문이다.

그래서 아이를 키우는 엄마들에겐

책임감이 철저히 배제된 충전 시간이 꼭 필요하다.

내 마음속에 있는 '아이 같은 나'를 만족시켜주는 것만이

충전하는 유일한 방법이다.

어린아이 같은 나는 다른 사람이 챙겨주지 않는다.

내가 스스로 챙겨주는 수밖에 없다.

세상은 책임감을 가진 '엄마 같은 나'만 부추기기 때문이다.

합리적이지 않아도 건설적이지 않아도

별로 바람직하지 않아 보여도 된다.

내 몸과 마음을 충전시켜줄 수 있으면

그것만으로도 충분하다.

그게 오히려 나란 사람에게 활력을 주고

그게 오히려 더 좋은 엄마가 되게 한다.

엄마로 살다보면 책임감으로 무장하고 산다.

하지만 자신만의 충전을 통해

이 책임감에서 벗어날 수 있는 시간을 가져야 한다.

부족한 엄마라는
생각이 들 때

아이를 키우다보면 행복한 만큼 힘들 때가 많다.

하루하루 힘든 삶이 계속되다보면

삶에 낙이 없는 듯 느껴진다.

마치 결정장애처럼 사소한 선택조차 주저할 정도로

자신감이 없어지는가 하면

사소한 말 한마디에 눈물이 핑 돌 땐

어디론가 증발해버리고 싶은 마음마저 든다.

엄마로 살면 우울하고 슬픈 마음이 수시로 들 수 있다.

그 마음은 창피하거나 부끄러운 감정이 아니다.

잘못된 것도 아니고 엄마 탓도 아니다.

그저 몸과 마음이 힘들 때에 나오는 정상 반응이다.

한계치에 다다랐으니

이제 나를 돌보라는 내 마음이 주는 신호다.

그런데 그 신호를 외면하거나, 더 똑바로 정신 차리고

열심히 엄마 노릇하라는 걸로 오해하면

결국엔 내 마음이 아예 파업을 한다.

그땐 스스로를 돌보려고 노력해도 잘 되지 않는다.

그게 바로 우울증이다.

왠지 기분이 가라앉고 매사에 흥미와 재미가 없고,

과도하게 죄책감을 느끼고 불안해서 안절부절못하는 것은

우울증의 일반적인 증상이다.

여기에 극심한 외로움, 내가 부족한 엄마라는 생각,

아이의 건강에 대한 과도한 걱정,

아이를 해칠 것 같다는 강박적인 생각 등이 더해지면

일반적인 육아우울증 증상이다.

이와 같은 증상들을 경험하면

당사자인 엄마가 가장 힘들다.

그런데 엄마만 힘든 게 아니다.

엄마와 아이는 떼려야 뗄 수 없는 관계여서

아이를 키우는 데에도 지장이 크다.

애착에서 가장 중요한 민감성과 반응성이

제대로 이루어지지 않기 때문이다.

마음이 귀찮고 몸이 말을 안 들어서

아이의 요구를 제대로 들어주지 못하고,

그러다보면 자기도 모르게 은근히 아이를 회피한다.

자꾸 예민해져서 사소한 것으로 아이에게 짜증을 내다보면

아이도 마음으로 엄마를 조금씩 멀리한다.

엄마가 일부러 그러는 건 아니지만

무의식적으로 아이가 엄마를 멀리한다.

엄마도 살아야 하니 살기 위한 장치인 것이다.

그토록 사랑하는 내 자식을 스스로 피할 만큼 힘든 상태,

이처럼 마음이 혼란스럽고 힘든 경험에 빠지면

왜 헤어나기 힘든 걸까?

자주 언급했듯 감정은 생각에 영향을 미친다.

힘든 감정이 지속되면 생각의 흐름도 부정적인 방향으로 흐른다.

그러다보면 엄마 자신에 대한 생각도 부정적인 방향성을 가진다.

평소 내가 최고의 엄마는 아니어도

웬만한 엄마 역할은 한다고 생각했는데,

이제는 형편없는 엄마, 세상에서 가장 나쁜 엄마라며

부정적으로 치우친 생각을 하게 된다.

이뿐만이 아니라 아이에 대한 생각도 바뀐다.

마음이 편안할 때엔 아이가 섬세하고

감수성이 뛰어나다고 아이의 기질을 파악하지만,

마음이 힘들 땐 애가 예민해서 엄마를 힘들게 한다며

아이의 기질을 부정적으로 인식한다.

엄마 자신도, 아이도 부정적으로 인식하면

가뜩이나 불안한 엄마는 더 불안해지는 식이다.

그러면 아이에게 부정적인 감정을 자주 표출하고,

아이는 더 공격적으로 반응하게 된다.

엄마가 더 힘들어지니 아이도 더 힘들어지고,

아이가 더 힘들어지니 엄마는 더더 힘들어지는

악순환이 반복되는 것이다.

관련 연구 결과들을 보면 우울증을 앓는 엄마가 키우는 아이는

불안정 애착, 정서 문제, 대인관계 문제, 언어 문제,

지능 문제, 학습 문제 등을 보인다고 한다.

육아우울증이 다른 일반적인 우울증보다

심각해지기 쉬운 이유가 또 있다.

엄마 스스로 있는 그대로의 우울함을

인식하기가 쉽지 않다는 것이다.

좋은 엄마와 우울한 엄마는 맞지 않는 것 같으니까

엄마들이 쉽게 우울한 감정을 받아들이지 못한다.

언급한 대로 부족한 엄마라는 생각은

육아우울증의 흔한 증상이다.

사람은 누구나 우울해지면

자신이 부족한 사람이라는 생각이 든다.

많이 우울해지면 최악의 엄마라는 생각까지 든다.

엄마들에게 부족한 엄마라는 생각은 견디기 힘들 만큼

괴롭기 때문에 피하고 싶은 생각이다.

그래서 그 이유가 될 수 있는 우울함도

진짜 우울한가 아닌가 생각해보기조차 싫은 것이다.

우울한 마음을 의지로 극복하지 못했다는

의지박약의 부족한 엄마라는 생각이 들기도 한다.

그래서 자기 마음을 돌아보지 않기 위해

다른 것에 지나치다 싶을 정도로 몰두한다.

그게 운동일 수도 있고, 쇼핑이나 아이 교육,

사업이나 SNS일 수도 있고,

엄마들 모임일 수도 있고 이 모든 것일 수도 있다.

이렇게 우울함은 인식하기 어렵고

겨우 인식해도 인정하기가 힘들다.

그래서 몸과 마음이 힘들어져도

평소처럼 무리한 엄마의 삶을 살게 되니

우울증은 계속 방치되고 엄마의 삶은 더 힘들어지는 것이다.

이러한 이유로 스스로도 잘 인식하지 못하고

주변 사람들에게 표현하지도 못한다.

부족한 엄마라고 생각하니까 남에게 보이고 싶지 않은 것이다.

친정엄마에게도 심지어 남편에게도,

이러한 마음을 말하기가 힘들다.

하지만 도움을 구하지 않고 평소처럼 지내다보면

우울증이 점점 심해져 극단적인 상황에까지 이를 수 있다.

그럼 어떻게 해야 할까?

'엄마니까 우울증에 취약할 수 있다!'라고 인식하고

평소에 엄마 마음 관리를 잘해야 한다.

엄마 마음 관리에서 가장 중요한 건

무너진 먹고 자는 패턴을 회복하는 것이다.

엄마가 종종 우울해도 괜찮다.

엄마가 항상 행복하기만 하면 사실 그게 더 문제가 있다.

어느 정도의 우울함을 인식하고,

자기 방법대로 해소하면 전혀 문제가 없다.

취미든 운동이든 자기만의 시간이든

방법은 사람마다 다를 것이다.

진짜 문제는 자기 방법대로 해소가 안 될 정도로

심해질 때까지 오랫동안 방치하는 것이다.

우울하다면 평소에 주변 사람들에게

적극적으로 도움을 요청해야 한다.

우울감이 더 심해지지 않고, 우울증에 빠지지 않기 위해서는

누구보다 남편의 지지가 가장 중요하다.

물리적인 지지도 중요하지만 심리적인 지지가 더 중요하다.

내가 힘들면 꼭 남편이 어떻게든 알 수 있도록 해야 한다.

스스로 마음을 정확하게 인식해야 남편도, 주변 사람들도 알 수 있다.

남편뿐 아니라 친정, 시댁에도 뻔뻔하다 싶을 정도로 도움을 요청하자.

아무 일 없고 살 만할 때에도 도움을 요청하자.

대부분의 엄마는 나쁜 엄마 콤플렉스에 빠져 있기 때문에,

스스로 '너무 뻔뻔한 거 아닌가? 이래도 되나' 하는

생각이 들 정도가 딱 적절하다.

2주 이상의 우울 관련 증상들을 경험하고

그것 때문에 일을 하거나 아이를 키우는 데에 지장이 크다면

전문가를 찾는 것이 좋다.

여러 가지 편견 때문에 전문가를 꺼리는 분들이 많은데

우울증은 창피하거나 부끄러운 게 아니다.

의지가 아닌 도움이 있어야만 빠져나올 수 있다.

괜히 내가 과하게 받아들이는 건 아닌지 고민된다면

사랑하는 우리 아이를 생각해서라도 적극적으로 대처하자.

Me-time

엄마로 살면 우울하고

슬픈 마음이 수시로 들 수 있다

그저 몸과 마음이 힘들 때에 나오는 정상반응이다.

아이와 신경전을 하면서
날카로워질 때

엄마로 살다보면 무시받는 느낌을 많이 받는다.

전업맘 입장에서는 워킹맘이 날 무시하는 것 같고,

며느리 입장에서는 시월드가 날 무시하는 것 같고,

아내 입장에서는 가장 가까운 남편이 날 무시하는 것 같고

엄마 입장에서는 주변 엄마들이 날 무시하는 것 같다.

하지만 다른 무시는 다 견디거나 그러려니 하는데,

도저히 견딜 수 없는 무시가 딱 하나 있다.

그건 바로 우리 아이가 날 무시하는 것!

아이에게 무시를 당하면 이런 생각이 든다.

'내가 널 얼마나 애지중지 키웠는데,

내가 누구 때문에 지금 이렇게 사는데

어떻게 네가 나한테 이럴 수 있지?'

엄마가 아이에게 전날 심하게 화를 내서

그 분이 다음 날까지도 가라앉지 않아

격양된 상태로 상담을 오시는 경우가 있다.

무시받는 느낌 때문에 화가 가라앉지 않는 경우도 많다.

두 돌 세 돌까지는 떼쓰는 걸 대하기가 힘들긴 해도

아이 스스로 감정 조절이 안 되는 거니

엄마 입장에선 때론 가여워 보인다.

하지만 '우리 아이가 많이 컸구나' 하고

안도감을 느끼는 순간,

갑자기 마이웨이를 외치며 묻고 따지고,

말 트집 잡고 말대꾸를 하는

어느새 미운 일곱 살 아이를 마주하다보면 참 힘들다.

발달단계상 자기주장을 하고

독립적인 인격체로 다져지는 과정이지만,

이 과정을 마주하는 엄마는 마음이 쉽지 않다.

이때 진짜 많이 무너진다.

그런데 의외로 손주 돌보는 할머니들은
이 시기를 힘들어하지 않는다.
신경 쓸 에너지가 없기 때문이기도 하지만,
아이들은 자신이 원하는 대로 자라지 않는다는 걸
경험으로 이미 알고 있기 때문이다.

엄마들은 아이에게 좋게 말하면
말을 듣지 않으니 처음엔 무언의 협박을 하거나
잘 구슬려서 타협을 한다.
그러다 결국엔 한바탕 윽박을 지르는 식으로
기선을 제압해버리고 만다.
아이와 팽팽히 맞서는 그 순간을 어떻게든 넘기고 싶고
무엇보다 극도로 긴장된 순간이 너무 괴롭기 때문이다.

또 기선을 제압해야 엄마의 권위도 살 것 같고
그래야 엄마 말을 잘 들을 것 같고
바르게 잘 자랄 것 같기 때문이다.
혹시나 기선을 제압당하면 아무한테나 막 말대꾸하는
버릇없는 아이로 자랄 것 같은 걱정도 든다.

그런데 실은 그게 다가 아니다.

엄마의 내면으로 들어가보면 더 중요한 불안감이 자리 잡고 있다.

바로 '아이가 나를 무시할 것 같은 불안감'이다.

엄마라면 아이의 발달과정상

아이에게 무시받는 느낌을 누구나 받지만

괴로운 정도는 차이가 있다.

그 차이는 아이가 얼마나 엄마를 무시하느냐,

얼마나 말대꾸하느냐, 얼마나 반항하느냐에 따라

다른 게 아니다.

지금까지 살면서 반복적으로 누군가에게

무시받은 느낌의 정도 차이에서

괴로움을 느끼는 정도가 다르다.

반복적으로 무시받는 느낌이 들면

스스로 무시받을 만한 사람, 스스로 못난 사람으로 여겨

부끄러워지고 수치스러워진다.

그게 과거의 엄마일 수도 있고, 아빠일 수도 있고,

자매일 수도 있고, 친척일 수도 있고 오랜 친구일 수도 있다.

그 괴로운 느낌이, 잊힌 감정 기억이 아이를 키우며 되살아난다.

아이를 키우다보면 내가 아무리 노력해도 잘 안 된다는

무력감과 좌절감을 느끼는 일이 많아서

무시받는 느낌이 확 올라오기 쉽기 때문이다.

무시받는 느낌에는 단순히 그 느낌만 있는 게 아니다.

이전에 경험했던 패배감, 소외감, 수치심,

사랑받지 못하고 버림받을 것 같은 두려움도 같이 느낀다.

이런 여러 감정들이 복잡하게 얽혀 있다.

하지만 이 감정들은 표면적인 감정이 아니라서

쉽게 인식하기 힘들다.

내가 인식하는 순간 나에게 해를 입힐 만큼

강력한 감정이기 때문에,

내 마음을 지키기 위해서

나 자신도 인식하지 못할 위치에 꼭꼭 숨겨놓는다.

그냥 무시 좀 받는 정도가 아니라

이런 감정들이 복잡하게 떠오르니,

내 존재 자체가 무너지는 느낌을 받는 것이다.

다른 사람과의 관계에서 이 감정을 경험하면

그 관계를 멀리하거나 피할 수 있다.

하지만 아이와의 관계는 그럴 수가 없다.

상처를 수없이 받고 감정적인 영향까지 받는다.

그럴 때 아이의 반항과 말대꾸를 꺾어버리면

내 존재 자체가 무너질 것 같은

극도의 불안감이 한 번에 해소되고,

심지어 쾌감이 느껴지기 때문에 아이와 신경전을 하는 것이다.

하지만 이 굉장한 유혹은 오래가지 못하는데,

바로 죄책감이라는 감정이 몰려오기 때문이다.

아이는 태어나는 순간 이미 독립적인 인격체이다.

어릴 땐 100프로 케어해줘야 하니 이게 잘 와 닿지 않는다.

아이는 돌 전후로 말을 하기 시작한다.

'음~마' '아~빠'

그리고 돌 반 정도 되면 다른 말도 한다.

'이제 우리 애가 무슨 말을 할까?' 기대하고 기다렸는데,

아이가 하는 말은 '시어~시어!' '아니이이!'

독립적인 인격체로서 최초로 말로 자기주장을 표현한다.

이제 떼쓰기가 점점 심해질 전조 증상이기도 하다.

육아 관련 책을 보신 분은

이런 게 정상발달과정이라는 걸 아니까,

그런가보다 하고 어느 정도는 그냥 넘어간다.

하지만 5세, 6세, 7세, 그 이후로 점점 심해지는,

입에 모터가 달린 듯 쉴 새 없이 이야기하면서

끊임없이 자기주장을 펼치고 반항하는 아이를 대하다보면

내 아이라도 견디기가 힘들다.

아이는 정상발달과정일 뿐이지만 엄마는 한계가 온다.

더구나 전통적으로 우리나라 문화는

말대꾸가 금기시되는 문화다보니,

'말대꾸 = 예의 없음 = 반항 = 나쁜 사람'

이런 단어가 연관되서 떠오른다.

그래서 어떻게든 기선을 제압해버리고 싶은 마음이 든다.

아이에게 언어폭력, 신체폭력을 하면(물론 이건 명백한 아동학대)

아이는 결국엔 기선제압당한다.

기선제압으로 아이는 고분고분해지지만,

그 모습이 전부가 아니다.

아이는 언젠간 복수하겠다는 칼을 마음속에 갈곤 한다.

지금은 힘이 없으니까, 어쩔 수 없다는 걸 아니까

수용한 것뿐이다.

그 마음속에 품은 칼은 힘이 생기는

사춘기가 되어서 나타나기도 하고,

독립할 수 있는 성인이 된 이후에 나타나기도 한다.

그 칼날은 부모뿐 아니라

나를 존중하지 않는 느낌을 주는 수많은 사람들을 향한다.

그게 아니어도 아이의 주장을 은연중에 묵살하다보면

육아라는 20년 이상의 마라톤을

성공적으로 완주하는 데에 가장 중요한

아이와 부모의 안정적인 관계를 이어갈 수가 없다.

더 이상 마음의 대화를 할 수 없기 때문이다.

쉽게 말해 아이 마음 문이 점점 닫히기 때문이다.

아이를 생각하면 이러면 안 될 것 같고,

나를 돌아보면 어쩔 수 없이 또 그럴 것 같고.

그럼 어떻게 해야 할까?

아이를 키우면 키울수록,

엄마로서 딜레마에 빠지는 걸 많이 본다.

나도 모르게 아이와 신경전을 하게 될 때,

아이 뜻을 꺾고 싶어도

정서 발달과 관계에 좋지 않다고 하니 마음을 억누른다.

그러다보면 그 기싸움의 원동력인 무시받는 느낌이

더 쌓였다가 엉뚱하게 다른 상황에서 더 폭발한다.

그래서 엄마의 강력한 불안감을 자극하는

아이와의 기싸움에서

이기거나 지거나 참거나 버리거나 하기보다는

그 시간이 지난 후에라도 내 마음을 꼭 곱씹어 봐야 한다.

'아이가 말대꾸하면 난 화가 나는구나'

'아이가 말을 둘러대면 난 무시받는 느낌이 드는구나'

'아이가 거짓말하면 난 속는 느낌이 드는구나'

'아이가 대들면 엄마 권위가 짓밟히는 느낌이 드는구나'

'아이 때문에 내가 초라한 느낌이 드는구나'

'아이가 이러다 날 버릴 것 같은 느낌이 드는구나'

'아이가 그럴 때마다 기선을 제압하고 싶구나'

억지로 내 마음을 바꾸기보다는

아이에게 맞춰진 초점을

엄마 자신에게 옮겨오는 게 훨씬 효과적이다.

물론 금방 바뀌긴 힘들다.

20~30년 넘게 쌓인 감정이기 때문이다.

아이를 키우면서 이제 다시 드러났을 뿐이다.

아이를 키우는 건 끊임없는 감정 노동이다.

감정 노동은 참고 견디는 식으론 더 곪게 되어 있다.

감정을 잘 관리하고, 엄마 감정을 잘 관찰해야 한다.

아이와 트러블이 생길 때마다

난 역시 좋은 엄마가 아니라며 실망하고 위축될 게 아니라,

어떻게 하면 내 마음을 들여다보고 스스로 위로받을지 고민하자.

아이와의 기싸움, 누구에게든 찾아오고

앞으로도 주욱 이어질 것이다.

어떤 상황이 와도 그 순간 내가 경험한 마음은 놓치지 말자.

억지로 마음을 바꾸기보다는

아이에게 맞춰진 초점을

엄마 자신에게 옮겨오자.

Chapter 02

엄마만의 시간이 있는 육아

: 아이와 분리된 혼자만의 시간을 가져도 괜찮아요

쉬 지 못 하 고
자 꾸 조 급 해 질 때

아이들은 대체로 참을성이 없다.

차근차근 뭘 좀 하려고 해도 징징거리는 소리를 앞세워

자기 말부터 들어달라고 한다.

예를 들어 아이를 태우고 운전을 하면

아이는 꼭 장난감을 떨어뜨린다.

운전 중이니 기다려주는 센스, 그런 건 절대 없다.

오히려 빨리 주워달라는 징징징 돌림노래가 시작된다.

청소 중에 집을 어지럽히지 않는 센스, 그런 건 절대 없다.

더구나 아이가 둘 이상 되면

서로 자기 얘기부터 들어달라는 요구가 시작된다.

참을성, 인내심은 충동 조절 능력이 바탕이 되는데

충동을 조절하는 뇌 부위는 완성될 때까지 20년 이상 걸린다.

아이가 엄마를 기다리지 못하는 건 당연한 것이다.

아이를 사랑해서이기도 하지만 귀를 한없이 예민하게 만드는,

그 징징 소리를 듣고 싶지 않아서

엄마들은 서둘러 아이의 요구를 들어준다.

그렇게 기다리지 못하는 아이를 키우다보면

엄마도 점점 기다리지 못하게 된다.

모처럼 아이가 없어서 여유롭게 혼자 밥 먹을 수 있는 상황에도,

문득 흡입하는 자신을 발견한다.

미혼 친구를 만나면 먼저 다 먹어버리는

자신의 모습을 발견하기도 한다.

기다리지 못하는 아이를 키우다보면 나름 노하우가 생기기도 한다.

그건 바로 멀티태스킹 능력이다.

밥을 하면서도, 설거지를 하면서도, 청소를 하면서도,

알림장을 쓰면서도, 육아용품을 고르면서도,

쿠폰에 쿠폰을 이중적용 하면서도

뒤통수에 눈이 달린 양 아이를 주시하고 아이에게 말을 건다.

혹시 사고칠까 봐 그리고 징징거릴까 봐.

그렇게 멀티태스킹을 하다보면 자꾸 쫓기는 느낌이 들어

할 일을 미리미리 생각한다.

화장을 하면서도, 양치질을 하면서도, 샤워를 하면서도,

밥을 먹으면서도, 잠을 재우면서도, 엄마들 모임에서도

그 다음 할 일을 계속 생각한다.

엄마가 되면 머릿속이 더 부지런해지는 이유다.

하지만 아무리 미리 생각한들

지나고 나면 꼭 하지 못한 일이 생각난다.

그럼 건망증을 자책하고, 정신 좀 똑바로 차리자고

더 많이 미리 생각하고 더 긴장한다.

그러면 더 쫓기는 기분이 들고 결국 기억력은 더 떨어진다.

쫓기는 느낌에서 벗어나려고 미리 생각한 것뿐인데

오히려 악순환만 반복되는 식이다.

육아는 늘 돌발상황의 연속이라

예측하지 못한 일들이 계속 생긴다.

뭔가 한참 중요한 타이밍에

아이가 아픈 경험 한 번쯤은 다들 있었을 것이다.

아이 돌보느라 그 중요한 일은 무기한 연기되고,

아픈 아이 돌보면서 마음은 더 조급해진다.

또 아이 재우고 할 일이 많은 밤, 꼭 그런 날에 아이는 쌩쌩하다.

그럴 때 엄마 마음은 더 조급해진다.

조급함으로 가득 찼을 때에 건드리면

폭발할 듯한 긴장감에 휩싸이고,

그러다 아이나 남편이 툭 건드리면 그때 진짜로 폭발한다.

인간은 돌발상황에 놓이면 어느 정도 초능력을 발휘하게 되어 있다.

원시시대로 치면 맹수 등 위험한 동물로부터

자신의 안전을 지키도록 정신은 최대한 각성이 되고

심장은 열심히 펌프질해서 도망갈 태세를 갖춘다.

아이 역시도 잠시만 방심하면 위험한 상황에 노출되거나,

아이 스스로 위험한 상황을 자처하기에

이 험한 세상에서 안전하게 키우기 위해

엄마는 늘 전투태세를 갖춘다.

정신은 각성되어 예민해지고

심장은 열심히 펌프질해서 가슴이 두근두근,

아이를 키우는 엄마들은 대부분 롤러코스터를 타는 듯한

뭔가 붕 뜬 듯한 느낌을 안고 생활한다.

사실 초능력, 즉 교감신경은 꼭 필요할 때에만 써야 하는데

엄마로 살다보면 늘 사용하게 된다.

우리 몸은 긴장과 이완을 반복해야 하는데

엄마의 삶은 이완은 없고 긴장만 무한반복되기 때문이다.

그러다보면 자율신경이 불균형해지고,

아이가 잠잘 때나 어린이집에 가 있을 때조차

여유를 갖지 못한다.

엄마의 삶을 살다보면 아이와 관련된

소소한 일들이 끊임없이 일어난다.

실제로 일어나지 않으면 머릿속에서라도 일어난다.

이런저런 돌발상황을 예측할 수가 없기 때문에,

그 소중한 여유 시간을 잘 써야 한다는 압박감 때문에

이미 긴장 상태인 경우가 많다.

조급함과 긴장감의 무한반복은

관련된 호르몬의 불균형으로 이어지고

그래서 전보다 더 조급해지고 더 긴장하는 패턴이 반복된다.

그렇다면 마음의 여유 도대체 어떻게 가질 수 있을까?

엄마들은 마음의 여유를 갖고 싶어도

마음에 여유가 비집고 들어올 틈이 없다.

그래서 여유를 가지려고 애매하게 노력하기보다는

되도록 아무것도 하지 않으려고 노력해야 한다.

쉽게 말해 몸과 마음을 정기적으로 충전해야 한다.

엄마 특유의 초능력을 필요한 상황에 제대로 사용하기 위해서다.

엄마가 편안한 몸과 마음 상태를 만들기 위해

최대한 노력하는 것은 사치가 아니다.

몸과 마음이 아무것도 하지 않는 시간,

꼭 정기적으로 가져야 한다.

핸드폰을 비행기 모드로 해두고 아무에게도 간섭받지 않는 시간,

아무 생각 없이 멍 때리는 시간은 엄마에게 꼭 필요하다.

그 시간에 아이를 생각하지 않아도 결코 나쁜 엄마가 아니다.

오히려 더 좋은 엄마가 될 수 있다.

엄마도 마음의 쉼이 필요한 사람이다.

몸 역시, 이미 아무것도 하고 있지 않지만

더 격렬히 아무것도 하고 있지 않아야 한다.

그렇게 충전이 되어야 엄마가 더 편안해지고

엄마 역할을 더 잘할 수 있다.

엄마는 로봇이 아니고

쉬는 시간이 필요한 '사람'이기 때문이다.

Me-time

엄마들은 여유를 가지려고 노력하기보다는

아무것도 하지 않으려고 노력해야 한다.

어떤 엄마를 볼 때마다
비난하고 싶고 불편할 때

몸매 좋은 엄마가 몸에 딱 붙는 옷을 입고
유모차를 끌고 가는 모습을 보면 어떤 생각이 드나?
'우와~ 저 엄마 몸매 참 멋지다!?'
보통 엄마들이라면 아마도 '무슨 애 엄마가 저러고 다녀!'가
좀 더 솔직한 마음일 것이다.
괜히 화까지 날지도 모른다.

우리 아이 어린이집이나 유치원에
그런 복장으로 아이를 등원시키는 엄마가 있다고 가정해보자.
아마 엄마들은 손가락이 근질근질할 것이다.
다른 엄마에게 메시지로 뒷담화를 하고 싶어서.

엄마로서의 역할이 아닌, 어느새 뒷전으로 밀려 있던

있는 그대로의 자기 마음을 인식하려고 노력해본 사람은

그게 잘 안 되는 경험을 해봤을 것이다.

매일 경험하는 복잡한 감정들을 하나하나

그대로 인식해야 하는데,

뭔가 응어리진 꽁꽁 숨겨두었던 치부가 드러나는 느낌 때문이다.

이러한 사람의 마음속 응어리를

분석심리학에서는 '콤플렉스'라고 한다.

콤플렉스 하면 뭐가 떠오르나?

'외모? 몸매? 학력? 직업? 재력? 가족? 성격? 남편? 아이?'

보통 위와 같은 것들을 콤플렉스로 생각하는 사람들이 많고

그와 관련한 부정적 감정들을 많이 떠올린다.

'콤플렉스=약점'이라고 생각해 열등감으로 느끼는 분들도 많다.

그리고 그 느낌이 괴로우니 마주하기 싫어 피한다.

더구나 엄마들은 엄마로서 완벽해야 할 것만 같은 자신이

콤플렉스가 있다는 자체가 콤플렉스로 여겨져서 더 외면한다.

그러다보면 있는 그대로 본연의 모습은 점점 사라진다.

흔히 생각하는 것과는 다르게

콤플렉스는 부정적 감정만 의미하지는 않는다.

우월감, 즐거움, 행복까지 포함한 모든 감정을 의미한다.

콤플렉스란 글자 그대로 정신적인 여러 감정이 뭉친 것이다.

콤플렉스가 있는 건 지극히 정상이다.

문제가 되는 건 오히려 콤플렉스가 있는지

모르거나 무시할 때다.

부러우면 지는 게 아니라

부러운 줄 모르는 게 지는 거다.

여러 가지 복잡한 감정을 외면하고 인식하지 않다보면

인식할 수 없는 무의식의 영역에 콤플렉스가 갇혀버려

진짜 모르는 것처럼 느껴진다.

모르기만 하면 괜찮은데

콤플렉스가 오랫동안 무의식에 갇혀 있으면

그 에너지는 점점 강해져서 의식을 자극한다.

그래서 그 의식이 자극될 때마다

우울해지고, 불안해지고 분노가 일어나는 것이다.

그러다 제대로 그 부분이 건드려질 때에는,

감정을 통제할 수가 없다.

괜히 과민반응을 하게 되어 말과 행동에서

콤플렉스가 더 드러난다.

숨기고 싶을수록 더 티가 나는 아이러니,

나는 모르는데 남은 아는 비극이 되는 것이다.

더군다나 아이를 키우는 엄마 입장에서

우울, 불안, 과민, 분노뿐 아니라

통제할 수 없는 감정적 갈등은

고스란히 아이에게 향하기 쉽다.

그럼 어떻게 해야 할까? 바로 인식 전환이 중요하다.

'엄마니까 콤플렉스가 있으면 안 된다'가 아니라

'엄마니까 오히려 콤플렉스를 잘 알아야 한다'라고

인식을 전환해야 한다.

그동안 외면하느라 잘 몰랐던 콤플렉스를 발견할 기회가 있다.

'무슨 애 엄마가 저러고 다녀!'

⇒ 바로 이 순간이 절호의 찬스!

누군가를 비난하고 싶은 마음이 들 때가

자신의 콤플렉스를 발견할 수 있는 기회다.

사람은 복잡한 감정으로 인한 무의식적인 갈등을 느낄수록

상처를 받기 때문에 나름대로 해결하려고 노력한다.

해결 방법은 바로 복잡한 감정의 이유를 남에게서 찾는 것이다.

남 탓하는 것처럼 보이지만 무의식적 과정이고

전문용어로 '투사'라고 한다.

극장에서 영화를 볼 때 남녀가 스크린을 보는 것처럼 보이지만

사실은 영사기 안에 있는 남녀 사진을

스크린에 쏜 것을 보고 있는 것이다.

마찬가지로 비난하고 싶은 그 무언가가

남에게 있는 것처럼 보이지만,

내 안에 있는 그 무언가가 다른 사람에게 보일 때 비난한다.

그 순간만큼은 난 그런 사람이 아닌 것 같아서

마음이 편해지는 무의식적인 의도 때문이다.

쉽게 말해 남 탓하면 나는 그렇지 않은 것 같은 느낌에

잠시나마 마음이 편해지는 것이다.

하지만 그럴수록 자기 본연의 마음을 알기가 점점 어려워진다.

마음은 전보다 더 불편하고 힘들어진다.

오히려 투사된 자신의 무의식을 인식하고,

남에게 쏜 자신의 마음을 다시 나에게로 가져와야 한다.

엄마로 살면 참 희한하게 내 탓도 많이 하고 남 탓도 많이 한다.

하지만 내 탓도 남 탓도 내가 이상한 사람이라서 하는 게 아니라,
그만큼 엄마로 사는 게 힘들어서 나타나는
무의식적인 갈등 해결 방안일 뿐이다.
남 탓의 대상은 엄마로 살며 수없이 관계 맺는
다른 엄마가 될 수도 있고, 남편이 될 수도 있고,
의외로 아이가 될 수도 있다.

가끔 아이의 어떤 기질이나 성격이
못 견딜 정도로 거슬릴 때가 있을 것이다.
내 아이가 겁이 많고 부끄러움이 많고 소심할 때도,
내 아이가 겁이 없고 대범하고 지나치게 활발하고 시끄러울 때도,
유난히 신경 쓰일 때가 있다.
그럴 때 과민하게 아이를 대하거나 아이 고유의 면을 탓하고,
반대 성향인 아이와 비교까지 하면서
강압적으로 아이의 성향을 바꾸려 한다.

이처럼 내 주변의 누군가를 탓하고 비난하고 싶을 때는
상대방에게서 그 이유를 찾기보다는
상대방의 어떤 부분이 내 마음을 불편하게 하는지 잘 살펴봐야 한다.
그것이 나도 인식하지 못한 내 콤플렉스일 수 있다.

문제) 다음 중 콤플렉스와 관련될 가능성이 있는 것은?

1. 예쁜 엄마를 흉보고 싶을 때

2. 예쁜 엄마가 왠지 좋아서 잘해주고 싶을 때

답) 1번, 2번 둘 다

뻔한 문제인 줄 알았는데

정답이 조금 이상하다고 느껴질지도 모르겠다.

비난하는 순간뿐 아니라 반대로 지나치게

상대를 높게 평가하고 이상화하면서

내 감정에 큰 영향을 받을 때 역시 콤플렉스와 관련된다.

콤플렉스가 부정적인 감정뿐만 아니라

즐거움과 행복이라는 감정 또한 포함되는 이유다.

콤플렉스를 발견할 수 있는 기회가 한 가지 더 있다.

어떤 사람이나 어떤 상황을 피하고 싶을 때다.

예를 들어, 어떤 엄마들은 학부모 모임에 잘 안 나가려 한다.

여러 가지 이유가 있지만 많은 이유는

육아나 교육 관련 정보를 얻고는 싶지만

왠지 나만 모르는 것 같고

교육열이 낮은 것처럼 보일까 봐 두렵기 때문이다.

또는 친분을 쌓고 싶지만
왠지 다른 엄마들과 있으면 불쾌한 감정이 들고
그 영향을 하루 종일 또는 며칠씩 받을 때가 있다.
그래서 이런 모임 다 부질없다고 합리화하지만,
결국엔 지나치게 한쪽으로 쏠린
육아 가치관이나 교육관을 가져 힘들어진다.

이미 잘 알고 있는 나의 콤플렉스만 생각하고
그것만 정리해보는 것은 의외로 도움이 안 된다.
내가 이미 알고 있다는 건, 내가 감당할 수 있는
표면적인 콤플렉스일 가능성이 크다.
오히려 누군가를 비난하거나 지나치게 칭찬하고 싶을 때,
어떤 사람이나 상황을 피하고 싶을 때를 떠올려보자.
그게 진짜 내 콤플렉스일지도 모른다.

이러한 기회를 잘 살려서
무의식에 가둬둔 나의 감정에 조금이라도 다가가면
과민하게 반응할 일이 줄어든다.
나도 모르게 특정 부분과 관련된 감정에

압도되어 있었다는 것을 깨닫기만 해도 마음이 편해진다.

분석심리학의 창시자 융의 주옥같은 말로 글을 마무리하겠다.

"사람들은 자기가 어떤 콤플렉스를 가지고 있는지 안다.

그러나 콤플렉스가 그를 가지고 있음을 모른다."

Me-time

주변의 누군가를 탓하고 비난하고 싶을 때는

상대방에게서 그 이유를 찾기보다

상대방의 어떤 부분이 내 마음을 불편하게 하는지 잘 살펴봐야 한다.

엄마로서의 나를
평가하는 것 같을 때

엄마로 살다보면 인간관계에서 이리 치이고 저리 치인다.

결혼하고 생긴 시댁이 우선 스트레스가 되고,

내 편인 줄 알았던 남편이 남의 편이 되는 것뿐 아니라,

너무 밀착된 친정엄마와의 관계마저 스트레스가 되곤 한다.

아이와 관계된 다른 엄마나 어린이집, 유치원 선생님도 마찬가지다.

스트레스가 되는 이런 관계의 공통점은

모두 내 아이에 대한 냉혹한 심사위원들이라는 것이다.

그들이 아이의 신체, 정서, 인지를 평가하는 것뿐만 아니라

엄마로서의 나를 평가하는 것 같은 느낌마저 든다.

아이 키우는 매 순간이 오디션이나 마찬가지인 것이다.

이런 관계에 치이다보면 그 관계에서 일어나는 감정에도 민감해져

아이에 대해 별뜻 없이 한 말도 엄마인 나에 대해 한 말 같다.

그런데 스트레스가 되는 관계에서 빠진 관계가 있다.

바로 우리 아이와의 관계다.

아이가 크면서 거짓말을 하는 정상발달과정도

엄마를 무시해서라고 여길 만큼,

아이가 엄마를 바라보는 눈빛, 행동, 사소한 말들은

엄마 감정에 영향을 준다.

"우리 집에는 왜 예쁜 엄마가 없어?"

"엄마는 왜 다른 엄마처럼 상냥하지 않아?"

아이는 자라면서 엄마를 끊임없이 평가한다.

인간관계에서의 평가는

언제나 있을 수 있다는 걸 머리로는 잘 알고 있다.

하지만 엄마가 되면 그 평가에 휘청하기 쉽다.

하루 종일 또는 며칠씩 감정적인 영향을 받는다.

왜 엄마들은 이토록 타인의 평가에 영향을 받는 걸까?

다른 사람의 말에 영향을 받는 건 자존감과 관련이 있다.

스스로 존중하고 소중히 여기는 마음,

스스로 가치 있고 가능성이 있다고 보는 마음이 자존감이다.

건강한 자존감은 주관적이고 지극히 개인적이다.

다른 사람 의견은 크게 상관없다.

다른 사람 눈치 보지 않고

자신을 떳떳하게 드러내고 자신을 사랑한다.

하지만 엄마로 살다보면 아이로 인해 조심스러운 관계가 많아져

눈치를 많이 보고, 있는 그대로의 모습보다는

조심스럽게 선별된 자신을 드러낸다.

또 몸과 마음이 지치기 마련인 엄마의 삶이

자존감을 낮아지게 한다.

엄마 역할은 누구에게나 어렵고 힘들지만,

그런 엄마 역할과 상관없는

기본적인 자기 자신에 대한 관점이 부정적으로 편향돼서

자신을 형편없는 사람으로 여긴다.

누구나 좋은 엄마가 되고 싶고, 그러기 위해 좋은 사람이고 싶은데

나 자신을 스스로 형편없이 여기는 것은 괴로운 일이다.

그래서 조금 덜 괴로운 방식으로 자기 마음을 지키는데,

바로 내 마음을 남에게 투사하는 것이다.

사실 내가 나 스스로를 낮게 평가하는 건데

남들이 나를 그렇게 본다고 여기는 것이다.

그런 마음이 내면에 깔려 있으면

다른 사람이 별 생각 없이 한 말도 조금씩 꼬아서 듣고,

그냥 물어본 것도 따진다고 여긴다.

그러면 내 감정에도 영향을 받아

은연중에 내 말과 행동에 그 감정이 전달되기 쉽다.

결국 나에 대한 부정적인 평가가 되풀이되는 것이다.

늘 평가받는다는 생각 때문에

나보다 나를 잘 모르는 남에게

나를 가치 있어 보이게 하려고 끊임없이 나를 포장한다.

또 그 평가를 유지하기 위해 에너지를 쓰기도 한다.

나도 모르는 사이에 내 삶의 초점이

내가 아닌 다른 사람이 되어버리고

그게 어느새 자연스러워지는 것이다.

남의 평가에 영향을 많이 받는다는 건,

그만큼 나보다는 남에게 내 관심과 초점이 맞춰져 있다는 뜻이다.

낮아진 자존감 때문에 개인 상담을 해본 분들은 알겠지만

상담은 사실 대단한 게 아니다.

보통 인간관계에서는 상대방을 어느 정도 고려할 수밖에 없지만,

상담을 하는 시간만큼은 상대방 고려 없이 눈치 보지 않고

자기 마음에서 일어나는 이야기를 한다.

상담가가 자신을 판단하지 않고

있는 그대로 수용한다는 경험을 반복할수록,

스스로 판단하지 않고 있는 그대로의 나를 수용하게 된다.

자신에 대한 관점에 약간의 변화만 일어나도

자존감이 조금씩 회복되는 선순환이 일어난다.

엄마로 살다보면 내가 아닌 아이에게, 남편에게, 부모님에게

그 이외의 복잡한 인간관계에 내 관심과 초점이 맞춰지기 쉽다.

하지만 이제는 다른 사람의 생각과 감정이 아닌

나의 생각과 감정에 초점을 맞춰야 한다.

그래야 자존감이 조금씩 회복되고

상대의 평가에 일희일비하지 않을 수 있다.

나에게 초점을 맞추는 습관을 들이려면 혼자만의 시간이 필수다.

자존감과 관련된 많은 심리서적에서

혼자만의 시간 가지기를 추천하는 이유다.

아무리 바빠도 하루에 10분이라도,

정 안 되면 일주일에 몰아서 한 시간이라도

아이와 구분된 혼자만의 시간을 보내야 한다.

혼자 무엇이든 해도 괜찮다.

그냥 '혼자'인 게 중요하다.

엄마가 되면 혼자 있길 바라지만,

아이러니하게도 혼자만의 시간을 갖게 되면 꽤 어색하다.

그래서 몸은 혼자일지라도 마음은 항상 아이를 향해 있다.

어쩌다 자신에 대해 생각하다보면

괜히 마음이 더 복잡해지는 것 같아 그 시간을 피한다.

만약 혼자만의 시간을 갖기 힘들다면 조금은 돌아가도 좋다.

나를 있는 그대로 인정해주고 그냥 믿어주는 친구,

마음을 터놓고 얘기할 수 있는 친구를 만나자.

섣불리 나를 판단하지 않는다는

기본적인 믿음이 있는 친구를 만나

내 생각과 감정을 털어놓는 시간은

곤두박질치는 엄마의 자존감을 지켜준다.

쳇바퀴 돌 듯 반복되는 엄마의 일상에 안주하지 않고

감정을 나누는 시간은 엄마들에게 중요하다.

Me-time

아이와 구분된 혼자만의 시간을 보내야 한다.

혼자 무엇이든 해도 괜찮다.

그냥 '혼자'인 게 중요하다.

나이 들어가는 나를
보기 힘들 때

요즘 SNS엔 몇 년 전 오늘 사진이라며 뜨는 기능이 있다.

우리 아이 아가였을 때 사진을 보면

그때의 감정이 다시 새록새록 떠오른다.

'아~ 우리 아가 그때 정말 예뻤는데…

정말 귀엽고 사랑스러웠는데.'

그러다가 지금 내 옆에 있는 아이를 보면

웬 소년소녀가 우리 집에 있는 낯선 느낌을 받는다.

예전처럼 사랑하는 마음은 같은데 뭔가 마음이 복잡하고 이상하다.

엄마들에겐 아이가 하루하루 커가는 게 아쉬워도

빨리 커서 사람다워지길 바라는 마음과

천천히 커서 귀여움을 간직하길 바라는

두 가지 상반된 마음이 존재한다.

난 별로 달라지지 않은 것 같은데

아이는 언제 이렇게 쑥 커버린 건지,

엄마들은 아이의 성장 속도에 새삼 놀란다.

그러다가 우연히 거울을 보고 또 한 번 놀란다.

내가 달라지지 않은 게 아니기 때문이다.

SNS에서 본 몇 년 전의 나는 어디에도 없다.

눈 밑엔 다크서클과 거뭇거뭇한 기미도 보이고,

흰머리가 나기엔 좀 이른 것 같은데 유독 많이 보이고,

몸은 얼마 전보다 더 불어난 것 같다.

엄마들에게 아이가 자라는 것보다 아쉽고 억울한 건,

사실 자신이 나이 들어가는 것이다.

엄마로 살다보면 문득문득 나이 든 느낌을 많이 받는다.

설거지하다 손가락 관절이 너무 아파서

소스라치게 놀라기도 하고,

청소기 돌리다가 허리가 뻐근하기도 하다.

예전엔 밀가루 음식을 잘만 먹었는데,

요샌 먹고 나면 소화도 잘 안 된다.

대화하다가 단어가 생각 안 나서 그거그거 하는데

상대방은 못 알아들을 때

짜증과 동시에 드는 좌절감은 말할 것도 없다.

잠자다가 얼굴에 베개 자국이 생겼는데

이젠 오후가 되어도 없어지지 않는 나이가 된 것이다.

그렇게 엄마들은 세월을 온몸으로 느낀다.

아이는 온몸으로 생명력을 발산하는데,

그 생명을 잉태했던 나는 이렇게 생명력이 다해가는구나 싶다.

내 생명력이 아이에게로 전해진 거라고 자위해보지만

그래도 씁쓸하다.

이런 고민을 선배 엄마에게 말하면

내공이 깊은 선배 엄마는 한마디한다.

"너무 슬퍼하지 마. 조금 있으면 몸에서 할머니 냄새가 나는

신기한 경험을 할 거야."

그러다 문득 남편을 보면 괜히 한 대 때리고 싶을 만큼 얄밉다.

똑같이 엄마가 되고, 똑같이 아빠가 되었는데

내 삶만 송두리째 바뀐 것 같고, 남편은 바뀐 게 없는 것 같다.

나만 나이 드는 것 같아서 너무 억울하다.

아이 낳고 또 아이 키우면서 바뀌는

신체적 변화와 심리적 변화를

남편은 절대 모르는 것 같아 가뜩이나 미운데 더 밉다.

그러다 맘 카페에 글을 올리니 남편이 미운 것도

노화의 증거라는 댓글에 더 서글퍼진다.

'엄마의 삶이 다 그런가보다. 다들 이러고 사나보다' 체념하다가도

엄마 같지 않은 엄마들을 보면 또 마음이 어렵다.

난 셀카 찍다가 마음 상해서 셀카 안 찍은 지 오래인데,

피부며 몸매며 자신 있게 드러내는 엄마 보면 마음이 복잡하다.

"어머! 너무 예쁘세요!"

"엄마 맞으세요?"

이런 댓글을 달면서도 마음은 싱숭생숭하다.

사실 자신도 그런 말을 듣고 싶기 때문이다.

엄마들은 자신감이 떨어질수록 다른 엄마들을 더 관찰하고,

동시에 내 모습은 어떻게 비칠까 노심초사한다.

자신의 나이를 진지하게 인식하는 계기는

무언가와 비교하면서부터 시작된다.

예전 내 모습과 현재 내 모습을 비교하고,

지금 내 모습과 다른 엄마 모습을 비교하는 식이다.

하기 싫어도 자꾸 비교를 하게 된다.

그럴 때 왜 나는 예전 내 모습과 현재 내 모습을,

현재 남의 모습과, 현재 내 모습을 비교할까?'라고 접근해야 한다.

잘 따져보면 단순히 현재 내 나이에 자신감이 없는 게 아니라

현재 내 삶에 자신이 없는 경우가 많다.

더구나 엄마로 살다보면 몸과 마음이 지쳐

생각의 흐름도 한쪽으로 치우치기 쉽다.

자기 모습을 객관적으로 보기 힘들다.

실제보다 더 부정적으로 바라본다.

나이에 맞는 노화는 자연스럽다고 머리로 생각하면서도

마음으로는 치명적인 상처를 받는다.

적당히 늙은 게 아니라 폭삭 늙었다고 생각하는 식이다.

당연한 얘기지만 세월은 누구에게나 공평하게 지나가고,

노화는 의학적으로 막을 수 없다.

나에게만 가속도가 붙은 듯한 주관적인 느낌은

심신이 지쳐 생겨난 인지 왜곡이다.

엄마의 삶이 만족스럽지 않으면 아이에게 만족감을 찾기 쉽다.

나는 점점 나이 들고 늙어가는 것 같으니,

점점 더 생명력이 커지는 아이에게

꺼져가는 내 생명을 불어넣고 싶다.

하지만 이런 식의 갈등 해결은 바람직하지 않다.

아이는 독립적인 인격체이다.

언젠가 아이는 엄마를 떠난다.

결론적으로 어떻게 하면 엄마 역할에서

만족할지 고민할 필요가 없다.

오히려 엄마 역할과 분리된 나 자신에게서 만족을 찾아야 한다.

아이 이외에도 나에게 만족을 줄 수 있는 것들이 무엇인지

생각하는 시간을 가져야 한다.

그게 꿈일 수도 있고, 취미일 수도 있고,

직업이나 관계일 수도 있다.

나이 들어가는 모습에 자꾸 신경이 쓰인다면

그래서 마음속 갈등이 심하다면

그 마음을 애써 억누르지 말자.

억누르다 쌓이면 그대로 아이에게 간다.

그 마음을 모른 척 외면할 필요도 없다.

결국에 직면하면 더 크게 아이에게 가기 때문이다.

내 삶이 뭔가 불만족스럽다는 신호,

내 스스로에게 상을 줘도 된다는

마음에서 오는 신호로 여기면 된다.

그동안 스스로를 챙기지 못했다는 신호로 인식하면 된다.

엄마도 '사람'인지라 아이와 가족만을 위한

'엄마답기'만 한 삶으로는 충분히 만족하며 살 수 없다.

아이 장난감 하나 샀으면(장난감을 물려받았더라도)

엄마 악세사리 하나 사고,

아이 옷 하나 샀으면(아이 옷 얻어 입혔더라도)

엄마 옷 하나 사고,

아이 미용실 한 번 갔으면(집에서 머리 잘랐더라도)

엄마도 미용실 한 번 가야 한다.

아이 학원 하나 끊었으면

엄마도 운동이나 취미 학원 하나 끊고,

아이 친구 관련 모임 한 번 했으면

엄마도 친구들 모임 한 번 해야 한다.

물론 엄마로 살다보면 이게 생각보다 쉽지 않다.

내 것 사러 가서 꼭 아이 것, 남편 것만 바리바리 사오는 게 엄마다.

애들 옷이나 장난감은 몇 만 원 몇십 만 원어치 사면서

내 옷과 신발은 만 원짜리 장바구니에 넣어놓고

며칠 고민하다 취소하는 게 엄마다.

그러다 막상 사려고 마음먹으면 매진되고,

그런 나 자신에게 화가 나면서도 또 그렇게 사는 게 엄마다.

아이만큼 나 자신을 위하는 건 절대 사치가 아니다.

남편이나 주변 어른들이 이해해주지 못해도

나 자신만큼은 나를 이해할 수 있어야 한다.

가만히 있으면 나도 모르게 나를 자꾸 잊어가는 경주,

바로 육아라는 20년 이상의 마라톤을 완주하기 위한 필수 마인드다.

아이 이외에도 나에게 만족을 줄 수 있는 것들이 무엇인지

생각하는 시간을 가져야 한다.

그게 꿈일 수도 있고, 취미일 수도 있고,

직업이나 관계일 수도 있다.

생각과 의심이
점점 많아질 때

엄마로 살다보면 이런저런 의심이 많아진다.

아이를 학대하는 교사와 관련한 뉴스가 떠돌면

공포, 분노, 불안, 짜증 등등의 감정에 영향을 받는다.

우리 아이한테도 뭔가 나쁜 일이 일어날 듯한 느낌 때문이다.

구체적으로 표현할 수는 없지만

뭔가 불길하고 섬뜩한 느낌이 든다.

한 사람의 감정 상태는 생각에 영향을 미친다.

부정적인 감정 상태는 어떤 대상이나 상황을

합리적으로 또는 객관적으로 인식하기보다는

부정적인 방향으로 편중되어 보게 만든다.

예를 들어 심한 우울증 상태에서는

과도한 의심이 동반되는 경우가 많다.

관련없는 걸 관련시키다보면 망상까지 동반된다.

마찬가지로 엄마의 불안하고 섬뜩한 느낌은

단지 감정에 그치지 않고 편중된 생각으로 이어져

우리 아이를 돌보는 돌보미, 어린이집,

유치원 선생님에 대한 의심으로 이어진다.

그뿐만이 아니다. 아이를 믿고 존중하는 것이

엄마의 중요한 마음가짐이라는 걸 머리로는 잘 알지만,

아이가 커가면서 독립심이 생길수록,

엄마에게 비밀로 하는 게 늘어날수록,

'우리 애가 혹시나' 하는 의심으로 이어진다.

그건 남편과의 관계에서도, 시어머니와의 관계에서도,

엄마들과의 관계에서도 마찬가지다.

그리고 의심이 커지면서 더 불안해지고 섬뜩해지면

감정과 생각은 행동에 영향을 미치고,

그 대상을 은연중에 공격적으로 대한다.

그러면 실제로 상대방에게 적대감을 유발한다.

그런 적대감은 은연중에 다시 돌아오기 마련이고,

처음의 의심은 더 강화되는 식이다.

이런 악순환의 고리가

엄마를 둘러싼 관계에서 자주 일어난다.

물론 이 험난한 세상을 살려면 적절한 의심은 필수다.

정신과 전문의가 되기 전까진 의심이 지나치게 없었다.

처음엔 그동안 생각한 의사의 모습이 아닌 것 같아서

혼란스럽기도 했지만 나중에서야 알았다.

무조건 믿기만 하면 치료에 효과적이지 않고,

적절히 의심해야만 그 사람과 상황을

객관적으로 균형 있게 파악할 수 있고,

그래야만 정확한 진단과 치료를 할 수 있었다.

아이를, 자신을, 주변 상황을 객관적으로 인식하려면

엄마의 삶도 적절한 의심이 필요하다.

외도하는 부부관계 문제도, 아이를 학대하는 교사 문제도

흔한 예상과는 달리 맹목적인 믿음으로 생기는 경우가 많다.

누울 자리를 보고 다리를 뻗는 게 사람이다.

하지만 엄마로 살다보면 적절한 의심이 아닌 과도한 의심이 들고,

그와 관련된 복잡한 감정에 사로잡혀 더 힘든 것이다.

그렇다면 과도한 의심이 드는 이유는 무엇일까?

늘 강조하는 '엄마도 사람이다'라는 관점에서 보면

이해되는 부분이 많다.

사람에게 과도한 의심을 일으키는 요인 중

중요한 두 가지는 다음과 같다.

① 자존감의 상처

② 경직된 감정

자존감의 상처는 굳이 설명하지 않아도

엄마라면 누구나 이해가 될 것이다.

엄마의 삶 자체가 자존감에 상처받는 일이

끊임없이 반복되기 때문이다.

육아를 하다보면 엄마 역할을 잘하고 못하고를 넘어

자신의 존재 자체에 대한 부정적인 인식이 들기 쉽다.

그런 인식은 자존감 저하와 상처로 이어진다.

그런데 여기에서 끝이 아니다.

누구나 이런 마음 상태가 되면 괴로워서

어떻게든 내 마음을 지키기 위해 방어체계를 구축하는데,

마음을 지키기 위한 효과적인 방법 중 하나가

바로 의심을 하는 것이다.

누군가를 의심하면 그 사람에 대한 비난도 동반되기 때문이다.

남을 비난하면 그동안 자신이 은연중에 느끼는

굴욕감, 수치심, 자존감의 상처가 덮이는 느낌이 든다.

의심은 내 마음을 지키기 위한 수단인 셈이다.

두 번째로 경직된 감정,

이 역시 굳이 설명하지 않아도 엄마라면 누구나 이해할 것이다.

엄마들은 엄마다움과 맞지 않는 감정이나,

엄마니까 경험할 수밖에 없는 복잡한 감정들을 억누른다.

해도 해도 잘 안 되는 경험을 하다보면

아예 원천 봉쇄하는 방법을 쓴다.

그건 바로 감정에 무뎌지는 것이다.

그래서 끊임없이 아이와 감정적인 상호작용을

해야 하는데도 불구하고,

엄마로 지내는 기간이 길어질수록

오히려 좀비 같은 표정과 감정으로 지낸다.

억누르든 원천 봉쇄하든 자신의 감정을 피하기 위해 노력하는데,

그 방법 중에 꽤 효과적인 건 끊임없이 생각하는 것이다.

그렇게 한 번 생각할 걸 두세 번 생각하고 곱씹다보면

굳이 연관시키지 않아도 될 일을 연관시키는데

그게 바로 의심의 시작이다.

누구나 종종 의심을 하지만 대부분은 평정심을 찾는다.

객관적인 생각을 하다보면 의심이 줄어들고 오해가 풀린다.

그런데 엄마로 살다보면 이렇게 시작된 의심이

좀처럼 사라지지 않는다는 게 문제다.

의심을 지속하는 요인 중 중요한 두 가지는 다음과 같다.

① 다른 사람들과 원활하게 의사소통 하지 않음.

② 생활이 전반적으로 고립되어 있음.

의심이나 망상이 주 증상인 환자를 평가할 때에

위 두 가지를 체크해본다.

근데 이 두 가지 역시 엄마의 삶을 사는 분들에게 해당되기 쉽다.

엄마로 살다보면 아이와 관련 없는,

엄마 역할과 관련 없는 세상에 대한 관심이 줄어들고,

그러다보면 소통할 일도 줄어든다.

절친 등 마음을 나누던 관계였을지라도

아이의 유무에 따라 대화의 장벽이 생긴다.

자기도 모르는 사이에 점점

생활범위가 좁아지고 고립되어가는 것이다.

아이로 인해 새로운 관계가 맺어지긴 하지만,

그 관계는 조심스러워서 자연스러운 의사소통이 어렵다.

오히려 아이를 중심으로 한 비슷한 처지이기 때문에

어쩌다 의심 내용을 공유하기라도 하면,

객관적으로 따져보기보다는

오히려 의심 내용을 증폭시키기가 쉽다.

흔한 예로, 원에서 같은 반 엄마들과 모임하다보면

원의 시스템이나 선생님에 대한 의심이 대화 소재가 되곤 한다.

서로 소통은 많이 하지만 객관적인 방향보다는

편중된 방향으로 소통을 한다.

사소한 것들에 의심이 생기고,

그것 때문에 마음이 너무 힘들 때는

의지만으로는 해결이 불가능하다.

의심이 시작되는 요인과 의심이 지속되는 요인이 있는지

우선 점검해보고, 그 요인이 삶의 패턴이라면

그 부분을 줄여나가려는 접근을 해야 한다.

우선 현재 내 상태를 점검해보자.

과도한 의심에 사로잡혀 아이를 키우는 일에 지장이 크다면
자신을 자책할 게 아니라,

'그만큼 내 자신의 존재감, 자존감에 상처를 받았구나.'
'그만큼 내 자신의 감정을 부자연스러울 정도로 억누르고 있구나.'
'그만큼 다른 사람들과 소통을 잘 못 하고 있구나.'
'그만큼 다른 사람들로부터 고립되어 있구나'라고 인식해야 한다.

엄마가 아닌 내 존재감을 찾기 위해서는
아이가 아닌 내 자신에게 먼저 관심을 가져야 하고,
엄마가 아닌 내 감정에 자연스러워지기 위해서는
아이가 아닌 내 감정에 먼저 집중해야 한다.
엄마가 아닌 다른 사람들과 소통하기 위해서는
아이가 아닌 내 마음이 가는 사람들과 먼저 만나야 한다.

아이러니하게도 그래야만
아이에게 관심을 가질 수 있는 마음이 생기고,
결국 아이의 마음에 자연스럽게 접근할 수 있고,
아이와의 소통을 잘할 수 있다.

Me-time

엄마가 아닌 내 존재감을 찾기 위해서는

아이가 아닌 내 자신에게 먼저 관심을 가져야 하고,

엄마가 아닌 내 감정에 자연스러워지기 위해서는

아이가 아닌 내 감정에 먼저 집중해야 한다.

아 이 와   분 리 되 면
불   안   할   때

엄마가 되면 아이를 임신한 순간부터,

또는 아이가 태어나면서부터

주변 사람들로부터 엄마됨을 축하받는다.

그때부터 사람들은 내 이름이 아닌

'○○엄마'란 이름으로 불러준다.

처음엔 낯설지만 뭔가 특별한 느낌이 들고,

의외로 그 이름에 빨리 익숙해진다.

별것 아닌 것 같아도 호칭은 그 사람의 정체성에 영향을 미친다.

하지만 수십 년 동안 불린 내 이름 대신

○○엄마라는 새로운 이름엔 함정이 있다.

새 이름을 부여받고 그 이름에 익숙해질수록

그만큼 나를, 내 이름을 잊게 된다는 점이다.

그만큼 내가 없어져가기 때문이다.

호칭의 변화로 시작해서 실제로 아이를 키우다보면

엄마인 나는 늘 뒷전이다.

어쩌다 혼자 백화점에 들러도

그 꿀 같은 시간조차 정신차려보면

아동 층에 있는 자신을 발견한다.

집에서든 밖에서든 아이 뭐 먹일까 고민하다가

아이에 맞춰 맵지 않은 메뉴를 고른다.

그렇게 살다보면 맨밥에 고추장 잔뜩 넣어 비벼먹는 게

세상에서 제일 맛있는 음식이 되는 신기한 경험을 하기도 한다.

길을 걸어도 드라마를 봐도 SNS를 봐도

아이 옷과 유모차와 육아용품에 눈이 가고

낯선 동네에 가면 어린이집만 보이고…

일일이 나열하면 끝도 없다.

그러려고 한 건 아닌데 엄마가 되면 저절로 그렇게 된다.

그렇게 몇 년을 살다보면 내 자신이 뒷전인 것에 익숙해진다.

신기하게도 사람은 뭔가에 한번 익숙해지면

그렇지 않은 모습이 낯설고 어색하다.

아이를 키우다보면 ○○엄마가 아닌

내 이름을 불러주었을 때 어색하듯,

언젠가부터 아이가 아닌 내 생각을 하는 게 어색하고

뭔가 불편하기까지 하다.

왠지 그래서는 안 될 것만 같다.

나를 뒷전에 두고 살다보면

내가 뒷전인 게 차라리 편하고

오히려 뒷전이고 싶기까지 하다.

근데 사람은 아무리 자신을 없애려 해도

무의식 안에 머물러 있지, 절대로 없어지지 않는다.

그래서 갈등이 생기고 우울해지는 것이다.

기회가 생기면 없어진 줄 알았던 내 정체성이

스멀스멀 기어나온다.

아이의 삶은 내 정체성이 기생하기에 딱 좋은 환경이다.

심리학에는 '반우울적-나르시즘'이라는 심리 용어가 있다.

이상적인 모습으로 아이를 키우면서

그게 내 모습인 양 동일시하는 것이다.

내 자신이 없어졌다는 우울감으로부터 벗어나기 위해

나도 모르게 갖는 나름의 해결책인 셈이다.

내가 없는 내 삶이 만족스럽지 않으니

아이에게 만족스러움을 찾는다.

쉽게 말하면 '패자 부활전 심리'라고 보면 된다.

'동일시'란 말 그대로 아이와 하나가 된 느낌을 말한다.

밀착감이란 단어는 말로 표현할 수 없을 정도로 좋고,

세상에서 느끼는 어떠한 만족감보다 크다.

문제는 거기에 익숙해지다보면 밀착감이 잠시라도 느슨해졌을 때

굉장히 불안하고 힘들다. 그래서 다시 초밀착을 시도한다.

남편이 아이를 봐주길 바라면서도

아이가 남편을 더 좋아할까 봐 전전긍긍하고,

부모님이 아이를 봐주길 바라면서도

아이가 할머니를 더 좋아하면 하늘이 무너지는 것 같다.

아이가 나 없이도 잘 지내길 바라면서도

나를 찾지 않는다고 하면 괜히 섭섭한 마음이 드는 이유다.

아이는 나 없이 잘 지내지 못한다는 가정 하에

나 아닌 다른 사람과 있는 아이를 불쌍하게 바라보고,

그런 관점으로 아이를 보다보면 신기하게 그렇게 보인다.

하지만 아무리 초밀착을 추구하더라도

아이가 성장하는 과정에서 필연적으로

엄마의 분리불안 단계가 찾아온다.

흔히 걱정하는 아이의 분리불안보다 더 크다.

아이는 태어나서 2~3개월 동안은 엄마랑 자신이 한 몸인 줄 안다.

엄마가 아닌 세상에는 관심도 없다.

커가면서 세상을 탐색하고 싶어

잠시나마 엄마의 품을 떠나는 과정을 겪지만

그동안 엄마와 한 몸처럼 지냈기에

엄마 품을 떠나는 게 불안하다.

바로 아이의 분리불안이다.

그래서 다시 엄마 품에 돌아와 안정감을 느낀다.

세상을 탐색하느라 엄마를 떠났다가

불안해서 엄마한테 돌아왔다 하는 과정을 반복하다보면

보통 두 돌 이후에 '엄마가 당장 눈에 보이지 않아도

엄마는 존재한다'는 확신이 아이 마음속에 자리 잡으면서

분리불안은 해결된다.

그때 비로소 세상을 적극적으로 탐색할 수 있게 된다.

그런데 엄마에겐 '엄마의 분리불안'을 해결하는

이 정상적인 과정이 없다.

흘러가는 대로 가만히 있으면 점점 더 심리적으로

아이와 밀착되기 쉽고,

그만큼 엄마는 분리불안을 느끼기 쉽다.

엄마가 당장 눈에 안 보여도 엄마는 존재한다

(점점 안정되는 아이 마음)

vs

아이가 당장 눈에 안 보이면 엄마는 너무 불안하다

(점점 불안해지는 엄마 마음)

엄마가 아이와 심리적으로 분리가 되지 않고,

오히려 밀착된 느낌에서 만족감을 얻다보면

'우리 아이는 나 아니면 안 돼'라는 생각으로 이어지기 쉽다.

아이가 자랄수록 엄마에게서 벗어나려는 느낌을 받는데,

머리로는 그토록 기다리던 모습인데도

마음으로는 받아들이지 못한다.

초등학교 입학 전후를 시작으로

엄마 마음이 힘든 이유 중 하나는,

아이 비밀이 점점 많아지는 것이다.

정상발달과정임에도 불구하고

아이의 마음이 궁금하고 모르면 불안하기까지 하다.

아이 마음이 궁금하니 아이와 상담해보고

자신에게 알려달라고 하는 엄마들도 많다.

헬리콥터처럼 아이 주위를 빙빙 돌며

사사건건 간섭하는 헬리콥터맘이 되어가는 것이다.

'나는 헬리콥터맘, 극성맘이 절대로 되지 않을 거야'라고

다짐해도 정말 많은 엄마들이 그렇게 된다.

초등학교 때는 친구관계로, 중·고등학교 때는 입시 문제로,

대학교 때는 취업 문제로, 취직을 하면 결혼 문제로,

결혼을 하면 살림과 육아 문제로

끊임없이 자식에게 신경을 쓸 수밖에 없는 것이

엄마의 마음이고 엄마의 삶이다.

이런 마음은 엄마도 힘들게 하지만 아이에게도 지장을 준다.

엄마 역할에서 중요한 것은

아이를 독립적인 인격체로 존중하는 건데,

내가 점점 없어지니 아이와 나를 독립적으로 바라보지를 못한다.

그러면 아이도 심리적으로 독립하기 힘들고,

또 주도하는 자기 삶을 살지 못해

의존적인 사람으로 성장하기 쉽다.

요즘 세상에서 아이 키우는 일은 정말 힘들다.

주변 사람도 남편도 나를 이해하지 못하고,

나를 키워준 엄마조차도 나를 이해하지 못할 때가 많다.

아무도 나를 이해하지 못하니 더 외롭고,

아무도 알아주지 않고 외로울수록

밀착감이라는 묘한 매력에 더 빠져든다.

외로움을 포함한 나 자신에 대한 생각은

아예 안 하는 게 오히려 마음이 편하다는 경험도 한다.

오직 아이 생각으로 가득 차야 더 좋은 엄마 같고,

그래야 아이를 더 사랑하는 거라고 생각한다.

엄마 반 아이 반 균형의 중요성을 머리로는 이해해도

마음으로 받아들이는 것과 행동으로 이어지는 것이

잘 안 되는 이유다. 그럼 어떻게 해야 할까?

오랫동안 하지 않던 거라서

나 자신을 생각하는 게 잘 안 된다면,

일부러라도 조금씩 아이와 떨어지는 연습을 해야 한다.

아이가 갓난쟁이일지라도, 아이가 돌쟁이일지라도,

아이가 어린이집에 가지 않더라도,

남편, 친정, 시댁, 친척, 친구, 아이돌보미
누구에게든 정기적으로 맡기자.

우선은 아이와 물리적인 분리가 필요하지만
궁극적으로는 심리적인 분리가 가장 중요하다.
엄마가 직장에 다니거나 아이가 어린이집이나 유치원,
학교에 다니면 몸은 아이와 분리되는 경험을 한다.
하지만 대부분 마음의 분리는 잘 되지 않는다.

아이 키우는 엄마들과 만나고,
아이 키우는 엄마들 블로그나 카페에 들어가고,
아이 키우는 엄마들과 채팅하는 시간은
진짜 아이와 분리된 시간이 아니다.
아이, 육아, 교육에 대해 항상 생각하고 있는 것이나 다름없다.

아이의 분리불안 해결은 엄마와 떨어지는 경험 자체보다도,
아이 마음에 '기본적인 신뢰감',
즉 안정감 형성이 중요한데
엄마의 분리불안 해결도 마찬가지다.
아이로 인해 일희일비하지 않을 정도로
엄마 스스로 독립적인 안정감을 가져야 한다.

그러려면 아이와 상관없는 사람을 만나고,

아이와 상관없는 인터넷 서칭을 하고,

아이와 상관없는 책을 보는 시간을 꼭 사수해야 한다.

'나를 위한 접근'이 잘 안 되면,

우선 '아이와 상관없는 접근'부터 하자.

그래야 점점 잊힌 나를 찾고,

그래야 엄마도 아이도 심리적으로 독립이 되고

그래야 엄마도 아이도 행복하다.

Me-time

엄마의 몸과 마음을

아이와 정기적으로 분리해보자.

육 아 와   아 이 에 게
집   착   할   때

아이 키우는 일이 힘들긴 해도

아이가 정말 예뻐 보이는 순간이 있다.

"아이가 자고 있을 때"라고 대답하는 분이 많은데,

사실 더 예뻐 보일 때가 있다.

"아이가 자고 있는 사진을 볼 때"다.

특히 어릴 땐 아이가 자는 모습을 보고 싶어도

혹시나 깰까 봐 조마조마해서 잘 보지 못한다.

사진으로 보면 상호작용에 대한 압박감이 줄어들어서

마음 편하게 아이를 볼 수 있기 때문에

사진으로 볼 때 아이가 더 예쁘고 애틋하다.

그래서인지 아이가 자고 있을 때

핸드폰으로 아이 사진 보는 게 취미인 분이 많다.

이상하게도 사진을 잘 안 찍던 사람조차

아이가 태어나면 사진을 많이 찍고,

SNS를 잘 안 하던 사람조차

아이가 태어나면 SNS를 자주 한다.

내가 아이 사진을 볼 때 행복하니 다른 사람들도 그런 줄 안다.

먼저 엄마 된 친구들이 SNS를 아이 사진으로 도배하는 걸 보면서

'난 저러지 말아야지' 했는데

엄마가 되니 친구들보다 더 자주 아이 사진을 올린다.

아이 사진은 분명 어떤 힘이 있다.

떼쓰고 반항하는 아이 때문에 한참 힘들 때도

웃고 있는 아이 사진을 보면 그야말로 천사 같아서

보고만 있어도 미소가 절로 난다.

때론 아이 보느라 지친 심신의 피로가 회복되는 느낌까지 받는다.

밤에 아이를 재우고 나서 정기 의식처럼

아이 사진을 보는 이유인지도 모르겠다.

실제로 미국 베일러 의대 연구팀이

엄마들 대상으로 연구를 했는데

아이가 웃는 사진을 보기만 해도

뇌에서는 도파민계 보상중추가

자극되는 현상이 나타났다고 한다.

보상중추는 쾌락중추라고도 하는데

자극되면 즐거움, 행복감 등이 생긴다.

그리고 게임, 도박, 마약 등 중독과 관련되어 있다.

엄마가 아이 사진을 보는 게 '자연 마약'과도 같은 것이다.

보상중추의 자극은 단순히 쾌락을 주는 것뿐 아니라

아주 강력한 생물학적 에너지를 내게 해서

무엇인가를 적극적으로 갈망하고,

또 이를 얻기 위한 행동을 하게 한다.

그래서 엄마 역할이 아무리 힘들어도

그만큼 큰 쾌락을 주기 때문에

아이 돌보는 일을 계속할 수 있는 것이다.

쾌락중추가 자극되니 늘 즐겁고 행복한 마음으로

아이를 돌볼 수 있을 것만 같은데 엄마의 현실은 그렇지가 않다.

아이가 주는 행복은 분명 있지만

때로는 공허하고, 쓸쓸하고, 우울해지기까지 한다.

무엇인가에 중독되다보면 그 대상과 관련 없는

본연의 정체성을 외면하거나 잃어간다.

아이 돌보는 일에 집착하고 중독되다보면

스스로 존재감이 있어야 하는 사람이라는 점을 잊는다.

일반적인 중독의 정의는

어떤 일에 습관적 또는 강박적으로 몰입하고

그것이 심각한 문제를 야기함에도 불구하고 이를 지속하는 것이다.

아이를 키우는 일에 지나치게 몰입해 문제될 정도라면,

'정신적 의존'의 형태로 이것도 중독이다.

공허하고 외롭고 쓸쓸한 마음을 아이 키우는 일로 덮다보면

수면 아래에서는 그 감정이 점점 커지기 마련이다.

결국엔 쌓였던 감정이 한순간에 터져 나와

아이를 키우지 못할 지경이 되기도 한다.

엄마로 살다보면 무료해지기 쉽다.

무료한 건 단순히 심심한 걸 말하지 않는다.

무료할 때 뇌에서는 스트레스 호르몬이 분비되는데,

새로운 자극에 대한 결핍감이 커진다.

새로운 자극 중에서도,

특히 누군가에게 인정받던 그 느낌이 한없이 그립다.

아이가 늘 옆에 있더라도 뼈가 시리도록 외롭다.

이를 심리적 결핍이라고 한다.

바로 그때 누군가가 아이를 잘 키우고 있다고 해주면
자신의 존재 이유와 가치를 느낀다.
나를 인정받는 유일한 방법인 것이다.
엄마가 아이 사진을 많이 올리는 건
그런 무의식적인 의도가 숨겨져 있다.

미국 오하이오 주립대 연구팀이
SNS에 아이의 사진을 많이 올릴수록
엄마 역할에 대한 부담을 느낀다는 연구 결과를 발표했다.
완벽한 엄마가 되어야 한다는 압박을 느끼는 엄마일수록
모성을 보여주려고 자주 아이 사진을 올렸다고 한다.
SNS는 그 사람의 정체성을 잘 드러내는 곳이다.

엄마 역할 부담감은 모든 엄마들에게 있다.
아이를 돌보는 숭고한 일을
중독으로 비유하는 게 부적절할 수 있지만,
무엇이든 깊게 빠지면 자신을 객관적으로 볼 수도 없고
삶을 멀리 보지도 못한다.
그래서 아이를 잘 키우고 싶을수록

맹목적인 몰입보다는 페이스 조절을 잘 해야 한다.

일부러라도 종종 육아로부터 나의 몸과 마음을 분리시키고,

아이러니하지만 아이를 24시간 사랑하지 않는 것이

아이를 더 사랑하는 방법이다.

Me-time

무엇이든 깊게 빠지면

자신을 객관적으로 볼 수도 없고

삶을 멀리 보지도 못한다.

이 해 받 고
인 정 받 고 싶 을 때

엄마들은 아이가 태어나자마자 정신없이 하루하루를 살아간다.

먹고 자는 기본적인 삶조차도

내 도움 없이는 조금도 지속할 수 없는

연약한 존재를 돌봐야 하기 때문이다.

아이마다 타고난 기질이 있지만 아이가 성장하면서,

전보다는 육아가 조금씩 수월해진다.

그렇게 정신없이 육아하고 이제 쉴 만해져서

주변을 둘러보면 주변엔 아이 빼곤 아무도 없다는 걸 알게 된다.

그때 엄마들이 많이들 느낀다.

외롭다.

바빠 죽겠는데도 참 심심하다.

누군가와 얘기하고 싶다!

하지만 마음을 터놓던 친한 친구들에게조차

이런 마음을 이해받기가 힘들다.

아이가 아직 없는 친구는 말할 것도 없고,

나보다 아이를 먼저 키워본 친구는

시간이 다 해결해준다는 얘기만 한다.

아이가 더 크면 새로운 문제들 때문에

더 힘들어진다는 힘 빠지는 얘기만 한다.

엄마로 살기 전엔 인간관계가 수월했던 사람들도

엄마가 되면 점점 어렵고 불편해진다.

어렵고 불편한 그 이면엔 제대로 이해받고 싶은 마음이 자리 잡고 있다.

'내가 이만큼 이해해줬으니 나를 이해해주겠지'라는

기대감도 있다.

엄마들은 각자 이해받길 바라니

내 기대만큼 이해받지 못하면 알게 모르게 참 서운하다.

서로 이해해주고 이해받으면 간단한데 엄마들 관계에서는 그게 힘들다.

사실 엄마들은 남에 대한 이해와 배려를

이미 우리 아이에게 충분히 하고 있기 때문에

아이 아닌 타인을 위한 이해와 배려가 더 힘든 것이 사실이다.

나 자신에 대한 배려와 이해는 더욱 힘들다.

그래서 기대만큼 이해받지 못하는 상황이 생기다보면

관계가 불편하고 어려워진다.

인정받고 싶고 이해받고 싶은 마음을 해소할 수 있는

가장 편한 수단은 바로 SNS이다.

SNS에는 육아 정보도 많고

부담 없이 아이 키우는 엄마들과 소통할 수 있어서 좋다.

그보다 더 좋은 점은 상대방의 이해와 배려와 반응에

신경을 덜 써도 되고,

내가 하고 싶은 얘기를 충분히 할 수 있다는 것이다.

그런 이유로 불특정 다수를 향해 억울한 일들은 물론

자신에 대한 오픈을 쉽게 한다.

어디에 사는지, 얼마나 버는지,

친구도 잘 모르는 내 가족사까지도 오픈한다.

그리고 그런 점들과 관련된 자신의 복잡한 감정들도 잘 표현한다.

엄마들은 아이 키우는 것 자체만으로 이미 많은 에너지가 필요하다.

그런데 온오프라인에서 자기 자신을 보여주려면

더 많은 에너지가 필요하다.

그럼에도 불구하고 SNS를 하는 이유는

그만큼 뭔가 얻는 게 있기 때문이다.

무엇보다 누구나 가지고 있는 인정받고 싶은 욕구가 충족된다.

엄마로 살다보면 이 욕구가 더 커진다.

아이가 날 사랑하는 것 같지만 아직 어려서 표현을 못하니

인정받는 느낌을 받기가 어렵다(오히려 아이가 크면 사랑 표현보다도 엄마에

대한 미움을 말과 행동으로 표현한다).

남편에게도 친정엄마에게도 주변 사람에게도

인정받고 사랑받는 느낌을 잘 받지 못한다.

결국엔 내가 부족해서 그렇다고 또 내 탓을 한다.

이해, 인정, 사랑. 그런 욕구가 커질수록

현실은 기대에 미치지 못해 실망할 일이 많아진다.

실망이 반복될수록 사소한 일에도 상처를 받고,

내 마음만 점점 소심해진다.

그래서 더 이상 상처받지 않기 위해

자신의 소망을 '무의식'이라고 불리는

자기도 찾지 못하는 마음속 방에 꼭꼭 숨긴다.

겉으로 보기엔 잔잔해진 것 같지만

신기하게도 숨기면 숨길수록,

소망은 그 안에서 점점 에너지가 더 커진다.

그럼 점점 더 인정받지 못한다고 여기고,

또 상처받고 소심해지는 악순환이 반복된다.

가만히 있으면 이 악순환에서 벗어나기가 힘들다.

누군가 나를 충분히 이해해주고 충분히 인정해주면 좋겠는데,

주변 사람들에겐 기대하기가 쉽지 않다.

오히려 그걸 기대하는 내가 이상한 사람처럼 느껴진다.

엄마로 살며 이해받고 인정받고 싶은 마음이 커질 때는

내가 내 자신을 이해해줘야 할 타이밍이다.

내가 나의 가치와 존재를 인정해주라는 신호이다.

다른 사람의 시선과 평가는 내가 아무리 노력해도

결국 기대에 못 미칠 수밖에 없다.

아무리 잘 보이려고 노력해도

나를 미워하는 사람이 있기 마련이다.

이런 심리적 갈등이 지속될수록

정작 아이를 잘 키우기 위해 가장 중요한

안정적인 마음으로부터는 멀어진다.

타인에 대한 그리고 나에 대한 기대와 실망의 반복으로,

내가 더 초라하게 느껴지고 관계가 두려워진다.

하지만 그럴수록 오히려 관계로부터 자유로워져야 한다.

여기엔 주변 사람과의 관계뿐 아니라

친정엄마, 남편 심지어 아이와의 관계까지도 포함된다.

이해받고 싶은 마음이 커질수록, 관계가 힘들수록,

자기 스스로를 좀 이해하고 인정해달라는

내면의 몸부림으로 인식해야 한다.

엄마도 사람이고, 신체적 그리고 감정적으로 한계가 있기 때문에,

이해와 배려의 영역이 아이만을 향해 있을 때엔

자신에 대한 이해와 배려가 끼어들 틈이 없다.

그래서 이해와 배려의 영역을 조금만이라도 내 쪽으로 가져와야 한다.

그게 내면의 몸부림에 자연스럽게 반응하는 것이다.

그래야 나를 스스로 이해하고 인정할 수 있고,

그래야 더 자연스럽게 아이를 이해하고 배려할 수 있다.

나에 대한 애정이 결핍된 상태에서는

그 누구도 아이에게 듬뿍 애정을 줄 수 없다.

Me-time

이해받고 인정받고 싶은 마음이 커질 때는

내가 나를 이해해줘야 할 타이밍이다.

외롭고 쓸쓸한 기분이
자 주 들 때

육아 초반에는 아이와 24시간 붙어 있는 시간이 많다.

그런데 아이러니하게도 참 외롭다.

늘 아이가 옆에 있는데 외롭다니,

엄마 입장에서는 '나는 모성애가 없나?'라는 생각이 든다.

일반 우울증과 다르게 육아우울증의 특징은

바로 이 '외로움'이다.

아이를 끌어안고 따뜻한 체온을 느끼고 있으면서도,

사랑하는 아이를 온몸으로 느끼면서도 외로움을 동시에 느낀다.

아이러니한 건 '너무 외로워서'

'혼자' 떠나버리고 싶기도 하다는 것이다.

아이가 별일 없이 건강하게 자라고,

직장과 가족 모두 별일 없을 때에

오히려 이 쓸쓸함과 무력감이 찾아오기 쉽다.

주변 어른들이 말하듯 살 만해서 이런 감정을 느끼는 게 아니라,

육아하면서 그동안 살 만하지 않았기 때문에

이제야 외로운 감정을 느끼고

그제야 내 자신이 보이는 것이다.

사람마다 정도의 차이가 있을 뿐

아이를 키우면 행복한 만큼 감정이 요동칠 때가 많다.

그때마다 '엄마니까 외롭고 쓸쓸하면 안 된다'라고 생각하기보다

'엄마니까 모든 감정을 누려야 한다'라고 인식하는 게 좋다.

아이가 옆에 있는데 외로운 이유를

모성애가 부족하기 때문이라고 확장시켜 연결 짓지만 말자.

인식 전환이 어느 정도 되었으면

감정이 싱숭생숭할 때 가장 가까운 사람이

그것을 알 수 있도록 하자.

그리고 뭔가 하고 싶은 게 생겼을 때,

그게 아이와 관련 없는 일이라도

그 마음이 없어지기 전에 꼭 해야 한다.

이 글을 읽으면서 마음속에만 담아두었던

이런저런 하고 싶은 일들이 떠오를 것이다.

'이건 너무 엄마답지 않은가?'라는 생각이 들면

바로 그 생각을 억누르기 쉬운데,

그 생각이 드는 정도가 사실 딱 적당하다.

그동안 알게 모르게 아이 중심으로

많이 치우쳐 있던 생각이나 상황이었으니

적당한 것을 과하다고 왜곡해 드는 생각일 뿐이다.

엄마로 살며 외롭고 쓸쓸할 때엔

아이를 붙들고 극복할 일이 아니다.

많은 분들이 외로움을 관계를 통해 극복하려 한다.

특히 엄마는 아이와의 관계를 통해 극복하려 한다.

그런데 아이와의 관계를 통해 외로움을 극복하려는 과정에서

오히려 엄마의 삶이 없어진다.

그러면 더 외로워지고,

결국 아이도 자신의 삶이 없어져 쓸쓸해진다.

이럴 때는 아이가 아닌 엄마 자신에게

돈과 시간과 에너지를 써야 한다.

처절하게 쓸쓸하고 외롭다면 다른 사람과의 관계가 아닌,

바로 자기 자신과의 관계가 힘든 것이다.

너무 외로워서 혼자 여행을 떠나버리고 싶은

아이러니한 마음이 생기는 이유는

내 역할로부터 자유로워지고,

비로소 자신과 대화할 수 있는 시간이 생기기 때문이다.

그만큼 그동안 엄마로서의 역할이 버거웠던 것이고,

무의식적으로 혼자만의 시간을 원했던 것이다.

나 혼자 편한 마음으로 즐기는 커피 한 잔,

나의 몸과 마음을 가꾸는 시간, 나를 꾸미기 위한 쇼핑 시간,

육아서가 아닌 나를 위한 독서만큼은 절대 사치가 아니다.

엄마의 외로움은 정상이다.

다만 너무 괴로울 정도로 쓸쓸하다면

엄마 자신을 돌보라는 신호이므로

내 마음이 무엇을 원하는지 잘 살펴보자.

잘 모르겠다면 버킷리스트를 작성해보자.

이때 중요한 것은 가족과 아이를 고려하지 않고,

오직 죽어가는 내 존재감을 살리는 데에만

초점을 맞춰서 버킷리스트를 작성하는 것이다.

현실을 고려하지 않은 허무맹랑한 것도 좋다.

중요한 것은 버킷리스트를 적는 동안

늘 뒷전이던 내 마음과 친해져

외로움이 덜해진다는 사실이다.

나와 친해질수록 심리적 만족도는

그만큼 더 높아진다.

Me-time

엄마가 되고

처절하게 쓸쓸하고 외롭다면

다른 사람과의 관계가 아닌,

바로 나와의 관계가 힘든 것이다.

Chapter 03

엄마의 감정과 기분을 알아주는 육아

: 내 감정을 알아야 아이의 감정도 끌어안을 수 있어요

아이와 관련된 일이
늘 불안할 때

육아 그리고 교육 관련 박람회는 한해한해 지나며
조금씩 트렌드는 바뀌지만 변하지 않는 한 가지 공통점이 있다.

"참석하는 엄마들은 누구나 마음이 불안해진다는 것!"

가장 잘 먹히는 마케팅이 불안 마케팅임을 머리로는 알아도,
그럼에도 그 마케팅에 흔들리는 마음이 사람 마음이다.

'우리 애 나이에는 이런 걸 해줘야 하네.'
'난 이런 게 있는 지도 모르고 있었네.'
'남들은 다 아는데 나만 몰랐나보네.'

엄마들 중에 아이를 키우며

이런 불안을 느껴보지 않은 사람은 한 명도 없을 것이다.

그런데 불안이 무엇일까?

막상 이야기하려고 하면 잘 생각나지 않는다.

정신과 의사로서 가장 많이 접하는 증상이 바로 불안인데,

불안해서 병원에 오시는 분들 대부분은

경험한 불안에 대해 모호하게 표현한다.

사전적 의미 역시 '불쾌하고 모호한 두려움'이다.

불안이 모호하긴 하지만 조금이라도 명확하게

이해하기만 해도 마음이 편해진다.

불안은 심리학적으로 다음 2가지가 조합될 때에 일어난다.

① 익숙하지 않은 상황일 때

② 그 상황에 적응하려고 노력할 때

박람회에서 새로운 정보와 교구를 보더라도

그냥 '나랑 상관없는 남의 일이다'라고 생각하면

불안하지 않다. 하지만 그런 엄마들은 거의 없다.

나랑 상관없는 일이 아니기 때문이다.

엄마 역할은 난생처음 경험하는 익숙하지 않은 일이다.

게다가 이토록 연약한 생명이

내 손에 달려 있는 경험도 처음이다.

게다가 '아이는 매일 자란다'라는 말처럼

아이를 키운다는 건 매일 새로운 상황의 연속이다.

새로운 상황과 돌발상황에 놓이더라도

그것에 적응하려 하지 않고

적절히 무시하거나 외면하면 불안하지 않을 수 있다.

하지만 아이를 키우는 일과 관련된 것은 무시도 외면도 쉽지 않다.

외면은커녕 새로운 상황에 필사적으로 적응해야만 할 것 같다.

그래서 불안이라는 애를 쓰고 있는 것이다.

위에서 언급한 불안의 원인 2가지가 육아의 특징과 딱 맞다.

그러니 엄마들은 늘 불안할 수밖에 없다.

새로운 상황에 적응하기 위한 자연스러운 반응이 불안인데,

늘 불안하다보면 그 불안에 익숙해진다.

익숙해지는 게 바람직할 것 같지만,

불안에 익숙해지면 반대로 편안한 상태가 낯설고,

은근히 편안한 상태를 거부하기도 한다.

아무리 힘들어도 그저 익숙한 상태를 유지하려는

심리적 습성 때문이다.

그렇게 되면 주객이 전도되는 상황이 생긴다.

편하지 않지만 익숙한 불안한 상태를 유지하기 위해서,

나도 모르게 매사 큰일이 날 것처럼 인식한다.

몸과 마음이 지치기 쉬운 육아 일상에서

시간이 있어도 편히 쉬지를 못하고,

늘 에너지가 필요한 느낌을 받는다.

그때 바로 이 불안을 에너지원으로 삼기 쉽다.

몸과 마음의 각성 상태를 만들어주기 때문이다.

이런 식으로 불안은 아이를 키우는 엄마 곁을 떠나지 않는다.

특히나 요즘은 육아나 교육 관련 트렌드가

자주 바뀌어 불안할 수밖에 없다.

임신 때부터 영유아기 때까진 '아이 건강'에 대해 불안감이 생긴다.

그러면서 한 가지 바람이 생긴다.

'그저 건강하게만 자라다오.'

아이가 영유아기를 지나 학교 가기 전까진 '아이 성격'에 불안이 생긴다.

그래서 새로운 바람이 하나 더 생긴다.

'성격도 좋았으면.'

그러다 아이가 학교 다닐 무렵부터 다른 불안감이 생긴다.

그때 또 아이에게 새로운 바람이 생긴다.

'기왕이면 공부도 잘했으면.'

이처럼 아이를 키우다보면 불안의 내용이 계속 바뀐다.

하나 해결하면 또 다른 걱정과 고민이 밀려온다.

누구나 경험하는 불안이지만 적절한지 지나친지는 사람마다 다르다.

불안에는 두 얼굴이 있어서 너무 적어도 너무 많아도 문제다.

엄마가 지나치게 불안하면 오히려 아이를 회피한다.

사람은 누구나 심리적인 갈등을 해결하기 위해 노력하는데,

그 해결 방법 중에 '회피'가 있다.

우리도 모르게 자주 사용하는 방법이다.

회피는 우선 마음은 편하지만

그만큼 더 쌓이고 더 크게 다가온다.

아이 생각하면서 극도의 불안을 느끼는 일이 반복되다보면

불안을 느끼고 싶지 않아 아이에 대한 생각 자체를 하지 않는다.

간혹 육아나 교육 트렌드, 육아 서적에

지나치다 싶을 정도로 무관심한 엄마들이 있다.

오직 자신의 방식으로 아이를 키운다.

육아에 대한 자신감이 충만해서 그런 경우보다,

반대로 많은 정보와 마주하기가 불안해서

은근히 피하고 있을 확률이 높다.

육아우울증 역시 극도의 불안을 동반한 증상이다.

아이로 인한 갈등을 피하기 위해

'회피'라는 수단을 이용해 아이를 방치하는 것이다.

더 적극적인 회피는 자신이 세상에서 사라지거나

아이를 세상에서 사라지게 하는 것이다.

일반인이 보면 그 논리를 이해할 수 없지만,

이처럼 불안이 극에 다다르면 자신이 한쪽으로 치우친

극단적인 생각과 행동을 한다는 걸 인지하지 못한다.

그러므로 평소에 불안을 모른 척하기보다는

현재의 불안 정도를 체크해볼 수 있어야 한다.

'나는 요즘 많이 불안하다. 왜냐하면 ○○이기 때문이다.'

이런 식으로 자신의 상황과 감정을 잘 관찰해야 한다.

불안한 엄마는 나쁜 엄마가 아니라,

오히려 자신의 감정을 모르는 엄마보다 더 좋은 엄마다.

엄마가 불안하면 좋은 엄마가 아닌 것 같아서

불안을 모른 척하고 외면하는 경우가 많다.

하지만 슬픔, 두려움, 불안 등의 감정을 부정하면

결국엔 불행해진다.

반대로 자연스럽게 받아들이면 극복하기가 수월해진다.

엄마가 행복해야 아이가 행복하다는 말이 있다.

이 말은 억지로 행복하라는 말이 아니다.

억지로 행복하고 싶다고 한들 그럴 수도 없다.

엄마가 느끼는 육아 감정 중

가장 근본적인 감정인 불안은 그래서 복잡하고 어렵다.

하지만 불안을 객관적으로 관찰하고 자연스럽게 받아들이면

조금이라도 마음이 편안해진다.

아이러니하게도 과도한 불안이 조금씩 줄어드는 방법이다.

예를 들어 박람회를 둘러보고

육아용품과 교육용품이 다 필요해 보일 때는,

'남들도 다 하는 거고 안 하면 우리 애만 뒤처지는 거야'라는 식의

접근보다는 '지금 당장 저것들이 우리 아이에게 다 필요해 보여.

진짜 필요한 것일 수도 있지만 새로운 상황을 마주한 내가

지금 너무 불안해서, 그렇게 보이는 것일 수도 있어'라는

식의 접근을 해보자.

반대로 육아용품과 교육용품이 전혀 필요 없다고 생각될 때는,

'저런 것들 다 부질없어. 아이는 내 방식대로 키우는 거야'라는

식의 접근보다는 '난 저런 것들이 부질없어 보여.

진짜 부질없는 것일 수도 있지만 나를 자꾸 불안하게 하는

새로운 상황을 피하는 것일 수도 있어'라는 식의 접근을 해보자.

내 마음을 객관적으로 관찰하고 받아들이는 일은
쉬운 일은 아니다. 그럴 땐 내 마음을
다른 사람 마음 보듯 하면 조금은 쉽다.
다른 사람이 육아박람회에서 모든 걸 사들이려 하든,
박람회 자체를 회피하든
그 이면에 불안이 있다는 걸 파악할 수 있다.

내 삶의 주인공은 나이지만
나도 몰랐던 내 마음을 잘 알려면
내 마음에 압도되지 않고 내 마음에서 조금은 떨어져
관객의 시선으로 바라보면 도움이 된다.

Me-time

스스로 불안한 엄마라고 인식한 엄마는

오히려 자신의 감정을 모르는 엄마보다

더 좋은 엄마다.

완벽해야 한다는
생각이 들 때

아이 생일은 단지 아이 생일이 아니라
엄마 생일이기도 하다.
'아이가 태어난 날'이면서 동시에
내가 '엄마'로 태어난 날이기 때문이다.

갓난아이를 키우면 갓난엄마인 것이고,
아이가 100일 되었으면 이제 100일 된 엄마이고,
아이가 돌이 되었으면 1년 경력의 엄마다.
이런 이야기를 하면 누구나 고개를 끄덕이며 공감한다.
하지만 엄마로 살다보면 당연한 것을 잊는다.

엄마로 태어난 지 얼마 되지 않았음에도 불구하고

이제 말 시작한 아이에게 유창한 언변을 기대하듯

엄마 자신에게도 훨씬 나은 모습,

훨씬 완벽한 모습을 기대한다.

6개월 된 아이를 키우는 엄마가 있었다.

이 엄마는 3년만에 어렵게 아이를 가졌던 터라

임신 때부터 육아서를 많이 읽었고,

육아 가치관이 확고했다.

아이가 태어난 이후,

신생아 최적의 온도와 습도를 맞추려 노력했고,

여름 땀띠 한 번 나지 않게 키우려고 했다.

간혹 그러한 세팅이 흐트러질 때마다

예민해지는 아내의 모습을 본 남편은

조금은 적당히 해도 될 것 같다고 조언했지만,

오히려 아무것도 모른다며 남편을 비난했던 엄마였다.

사실 이 엄마는 마음이 힘들었다.

자신이 기대하고 꿈꾸던 모성애가 이 정도가 아니었기 때문이다.

비록 아이를 열심히 잘 보고 있고 아이를 사랑하지만

이 정도의 사랑으로 부족하다는 마음이 늘 있었다.

'나는 모성애가 부족한 건 아닐까' 하는 생각에

갑자기 불안해지는가 하면,

늘 채워지지 않는 공허함이 마음에 자리 잡고 있었다.

그렇다면 이 엄마의 늘 채워지지 않는 마음, 대체 무엇일까?

아마 이 엄마보다 육아 선배인 분들은

이 엄마에게 여러 이야기를 해주고 싶을 것이다.

첫째 아이 전업 육아 시절엔 나도 완벽함을 추구했다.

이유식을 만들 때에도 유기농 재료만을 고집하고,

옷을 입힐 때에도 친환경 제품을 고집했다.

많은 분들이 둘째를 키우면서 내공이 생겨

완벽함을 많이 포기했다고 말하지만,

아이들이 유치원이나 초등학교에 들어가면

교육이라는 새로운 풍랑을 보고 불안해져서

자기도 모르게 조금씩 조금씩 다시 완벽주의를 추구한다.

이처럼 아이를 키우는 일은 아무리 노력해도

예측할 수 없고 계획대로 될 수가 없다.

잠시 우리가 초등학교 다니던 때를 생각해보자.

방학 전에 생활계획표를 거창하게 짜고,

며칠 하다 지키지 못하는 게 늘어나면

결국 극단적으로 무계획적으로 생활한다.

방학이 끝날 때마다 무리한 계획이었다는 걸 인식하지만

다음 방학 때에도 어김없이 비슷한 계획을 세운다.

이상하게 더 무리한 계획을 세운다.

엄마의 삶도 크게 다르지 않다.

기대하던 것에 맞춰 계획을 세우지만

결국엔 계획에 미치지 못하고

그런 스스로에게 실망하고 결국은 자포자기한다.

그러다 다시 힘이 나면 그 원인을 자신의 철저하지 못함과

완벽하지 못함으로 해석하는 식이다.

그리고 다시 더 철저하고 완벽한 계획을 세우지만

역시나 스스로에게 더 실망하고 또다시 자포자기한다.

완벽주의 성향을 가진 분들은 평소 하나하나 계획하고

그대로 실천하는 것을 추구하면서 만족감을 얻는다.

특히 그러한 성향으로 자기 꿈을 이루고 펼쳤던 경우

그 삶의 방식을 계속 고수한다.

그러다 엄마가 되면 완벽할 수 없는

육아라는 특수한 상황에서도 그 삶의 방식을 고수한다.

뿐만 아니라 완벽주의와는 거리가 멀었던 사람일지라도

엄마가 되면 완벽주의를 추구한다.

완벽해지고 싶은 욕구는 크게 두 가지 이유 때문이다.

① 부족함을 감추기 위해서

② 비난을 피하기 위해서

엄마로 살다보면 몸이 지쳐 마음이 힘들 때가 많다.

쉽게 우울해지고 불안해진다.

감정은 생각에 영향을 미쳐

자신을 바라보는 시각도 부정적으로 바뀌게 한다.

머리로는 좋은 엄마가 되고 싶은데,

마음으로는 늘 부족한 엄마인 것 같다.

그런 마음 상태는 누군가의 진심 어린 조언조차

있는 그대로 받아들이지 못하게 한다.

그 조언은 그렇게 하고 있지 못한 자신을

마치 비난하는 것처럼 느끼게 하기 때문이다.

내가 부족하다는 생각과 비난받는 느낌은

수치심을 유발하기 때문에 참 괴롭다.

완벽한 사람은 없다고 머리로는 생각하면서도

마음으로는 나의 부족한 점이 드러날까 봐

비난받을까 봐 전전긍긍하는 것이다.

그럴 때 완벽을 추구하는 행동은

훌륭한 내 마음의 피난처가 된다.

엄마로서 완벽해지고 싶은 마음,

그것 자체를 탓할 필요는 없다.

사랑하는 우리 아이 잘 키우고 싶은 마음은 엄마라면 모두 같다.

완벽주의는 현상일 뿐이지 핵심이 아니다.

아무리 탓해봤자 스스로 위축되고 불안해지기만 할 뿐이다.

그럼 어떻게 해야 할까?

부족함을 감추고 비난을 피하기 위해서

완벽함을 추구한다고 언급했는데 거기에 힌트가 있다.

완벽을 추구하기보다는 떳떳함을 추구해야 한다.

완벽하게 잘해서 떳떳한 게 아니라,

있는 내 모습 그대로,

스스로 부족하다고 생각하는 부분에도 떳떳해야 한다.

스스로가 생각하기에 뻔뻔하다 싶을 정도로 추구해도 된다.

엄마도 사람이기 때문에 부족한 건 당연하다.

부족한 내 모습을 있는 그대로 받아들이자.

부족한 것은 비난받을 일이 아니다.

물론 말처럼 부족함을 마주하는 건 쉽지 않다.

분석심리학의 창시자 칼 융조차도 이렇게 말했다.

"가장 몸서리치게 두려운 것은

자기 자신을 완전하게 다 받아들이는 것이다."

부족함을 마주하기조차 두렵기 때문에

부족하다는 걸 받아들이지 못하는 경우가 많다.

그래도 조금씩 살펴보자.

두렵지만 조금씩 그 방향을 추구해야 마음이 편해지고,

불안함이 줄어들어 지나친 완벽주의를 조금씩 내려놓을 수 있다.

완벽하지 않은 나 자신을 있는 그대로 수용할 수 있어야

완벽하지 않은 우리 아이도 있는 그대로 수용할 수 있다.

Me-time

엄마도 사람이기 때문에 부족한 건 당연하다.

부족한 내 모습을 있는 그대로 받아들이자.

아이를 위해 결정한 일이
잘못될까 봐 두려울 때

엄마들은 아이가 태어나자마자 결정해야 할 일들이 수두룩하다.

밤중수유는 언제까지 할 거냐, 수유는 언제까지 할 거냐,

이유식은 언제부터 줄 거냐, 어린이집은 언제부터 보낼 거냐,

어느 어린이집으로 보낼 거냐, 어린이집은 언제 옮길 거냐,

어느 유치원으로 갈 거냐, 추가로 뭘 가르칠 거냐

복직할 거냐 말 거냐 등등 수없이 많다.

남의 떡이 커 보이다보니 남에게 자꾸 물어보거나,

남이 어떻게 하는지를 늘 주시하고 재보고 따져보기는 하지만

사실 엄마들은 결정을 잘 못하고 어려워한다.

선택의 갈림길에서 어느 한쪽을 고르지 못해 괴로워하는 심리,

요즘 말로 '결정장애'가 생기는 것이다.

고민이 많을수록 선택은 더 어려워지고

선택을 위한 정보를 많이 알수록

오히려 결정은 더 어려워지는 아이러니한 상황이 된다.

엄마로 살면 선택하고 결정하는 것 자체가 큰 스트레스여서

'누가 좀 정해주면 좋겠다'는 생각을 참 많이 한다.

왜 엄마들은 결정 하나 하기가 이렇게 힘들까?

한마디로 말하면 나중에 후회할까 봐

결정을 못하는 경우가 많다.

'알고 보니 더 좋은 선택이 있으면 어쩌지?'라는

생각이 파고들면 결정하기가 어렵다.

그리고 나중에 진짜로

이 선택이 맞았나 틀렸나 따져본다.

그러면 남의 떡이 더 커 보이기 마련이어서

조금이라도 후회할 게 반드시 보인다.

그런 후회의 마음이 쌓일수록

자신이 선택한 것에 만족감이 줄어든다.

점점 선택에 대한 자신감이 없어지고

그러면 더 조심스러워진다.

그래서 중요한 일은 최대한 결정을 미루면서

더 좋은 걸 발견할 가능성을 기다린다.

그러다보면 어느새 시간이 훅 지나가버리고,

결국엔 급하게 결정한 나머지

오히려 후회할 일이 많아지는 악순환이 반복된다.

신중하게 잘 선택하고 싶었던 것뿐인데,

어쩌다보니 지나친 완벽을 추구한 셈이 된다.

그럴수록 완벽은커녕 후회할 일만 늘어난다.

특히 엄마들은 아이와 관련된 결정을 해야 할 경우,

잘못 선택할까 봐 두려워한다.

하지만 우리는 누구든 실수를 하고

잘못된 선택을 하기도 한다.

육아용품을 잘못 살 수도 있고,

어린이집이나 유치원을 잘못 선택할 수도 있고,

아이와 나들이할 곳을 잘못 선택해서 고생할 수도 있다.

아이가 아니어도 잘못 선택할 수 있는 것들이 많다.

매번 최선의 선택을 할 수 없다.

심적인 여유도 물리적인 여유도 없는 엄마의 삶에선 더 그렇다.

의외로 아이를 키울 때에

소위 '한 방'으로 결정 나는 중요한 결정은 별로 없다.

오히려 아이를 키울 때 가장 중요한 건

아이와 소소한 일상을 차곡차곡 잘 쌓는 것이다.

이런 말씀을 드리면 마음이 편해지기는커녕

결정장애의 폭이 일상으로까지 확대되는 엄마들을 많이 본다.

그만큼 엄마의 삶은 매순간 결정에 허덕이고

후회할까 봐 전전긍긍할 수밖에 없는 환경이다.

특히 아이와의 일상이나 상호작용에서

뭔가 실수한 걸까 봐, 또 그걸 모르고 계속 실수할까 봐

끝없이 염려한다.

떼쓰는 아이를 달래줄 것인지 모른 척할 것인지,

아이가 사달라는 장난감을 사줄 것인지 말 것인지 등등,

매번 결정할 게 너무 많다.

아이에게 한 이런 소소한 행동들도

신중하게 고민하다가 한 행동인데,

나중에 보니 뭔가 잘못 선택한 것 같으면

그게 또 후회가 되고 참 괴롭다.

육아서를 읽다가 지금까지

내가 한 잘못한 행동들이 떠올라

스트레스를 받기도 한다.

'무슨 엄마가 이렇게 실수투성인가' 하는

생각에 자괴감도 든다.

보통 말하는 실수는 '조심하지 아니하여 잘못함'인데,

사실 엄마들은 지나치게 조심하지,

조심하지 않아서 잘못하진 않는다.

엄마로 살다보면 자기도 모르게 '기승전 엄마잘못'이라는 생각에

실수 자체도 내 잘못으로 생각한다.

그래서 더 이상 실수하지 않으려고 지나치게 조심하고,

그렇게 되면 아이와의 일상 자체가 큰 스트레스가 되어

육아가 힘든 상황이 반복되는 것이다.

소아과의사이자 정신분석가 위니콧은

"훌륭한 엄마와 그렇지 않은 엄마의 차이는

실수를 범하는 데 있는 것이 아니라

그 실수를 어떻게 처리하는가에 있다"라고 말했다.

실제 아이에게 잘못을 하더라도,

후회와 자책하는 데 시간을 낭비하기보다

아이에게 바로 사과하면 된다.

생각보다 아이는 엄마를 잘 용서해준다.

아이에게 화를 내고 미안해서 후회하는데,

아이는 오히려 뜬금없이 "엄마 사랑해"라고 말하며

진심어린 표정으로 엄마를 바라보고 안기며 행복해한다.

아이가 그러는 건 고단수이기 때문이 아니라,

다 잊어버렸기 때문이 아니라,

엄마가 실수를 안 했기 때문이 아니라,

전반적으로 우리 엄마는

참 좋은 엄마라는 인식이 있기 때문이다.

정신분석가 마가렛 말러에 의하면 아이가 세 돌이 지나면

"어떨 땐 실망스럽지만 우리 엄마는 전체적으로 좋은 사람이야"라고

인식할 수 있는 능력이 생긴다고 한다.

일상에서 소소한 실수 없이 아이를 키워야겠다는 마음보다는

멀리 바라보고 아이를 키우자.

하지만 아무리 강조해도

마음에 여유가 없으면 그게 잘 되지 않는다.

잘한 선택인지 아닌지 자꾸만 뒤를 돌아보고 후회하는 것보다,

더 조심스러워 나아가기 힘든 것보다,

실수할 수 있고 잘못 선택할 수 있고,

또 실수하고 잘못 선택할지라도

내 아이가 잘못되지도 않고

내 삶이 통째로 나빠지지 않는다는 걸

마음속에 담아두면 좋다.

사람은 실수를 통해, 잘못 선택한 경험을 통해

한발 나아가고 성장한다.

중요한 것은 실수를 받아들이는 자세,

그리고 해결하는 자세다.

엄마도 아이도 실수하면서 함께 배운다.

후회 없이 잘 선택하고 싶고 실수하고 싶지 않은 마음은

엄마라면 누구나 가지고 있다.

하지만 중요하다고 생각하는 결정의 순간마다

주객이 전도되지 않도록 신경 써보자.

소소한 일상에서 아이와 상호작용하는 시간을 누려보자.

편안한 마음은 의사 결정에 가장 큰 도움이 된다.

중요한 것은 실수를 받아들이는 자세,

그리고 해결하는 자세다.

엄마도 아이도 실수하면서 배운다.

부 지 런 하 지   않 으 면
불   안   할   때

요즘 엄마들은 참 바쁘다.

요즘 육아는 바쁠 수밖에 없는 환경이다.

아이를 케어하는 것만으로도 벅찬데

이런저런 육아용품이며, 50일, 100일 촬영, 돌잔치 같은

행사 준비로 알아볼 게 많다.

조금이라도 아껴서 더 좋은 걸 해주고 싶은 마음에

가격대비 만족도 높은 상품을 찾느라

쿠폰에 또 쿠폰을 이중적용하다보면

그만큼 시간과 에너지를 소비한다.

누가 좀 정해주면 좋겠는데 왜 이렇게 옵션이 많은 건지

육아 현실은 부지런하지 않을 수가 없다.

그뿐만 아니다.

집에만 있으면 안 될 것 같아서

요일마다 문화센터에 등록하느라 바쁘고,

어린이집에 다니더라도 하원 후에 엄마들하고

학원 스케줄 짜느라 바쁘다.

워킹맘은 정보가 많을 것 같은 전업맘 모임에 함께하려고

틈틈이 정보를 알아보느라 바쁘고,

주말엔 좀 더 아이에게 뭔가 해주고 싶어

이런저런 체험활동 하느라 바쁘다.

엄마도 아이도 집에서 쉬기 힘든 것이 요즘 육아 현실이다.

살면서 부지런한 성격이라는 말을 들은 적이 없어도

엄마가 되면 자연스럽게 부지런해진다.

엄마들은 이렇게 늘 부지런하게 사는 것이,

잠도 줄여가며 아이를 키우는 것이

좋은 엄마라며 스스로 위안한다.

오늘 하루 내가 얼마나 열심히 살았는지 돌아보며

만족감을 얻기도 한다.

어린 시절 경험이 중요하단 생각에

최선을 다해 그때그때 아이에게 뭔가 해주지만,

아이가 자라면 또 다른 중요한 시기가 계속 찾아온다.

그래서 엄마들은 계속 부지런할 수밖에 없다.

아이가 자랄수록 여유가 생길 것 같은데

여유는커녕 더 분주해지는 이유다.

엄마들의 부지런함은

아이를 향한 순수한 열정일 수도 있지만

내 불안을 보상하기 위한 부지런함일 수도 있다.

아니면 아이 미래에 대한 걱정에서 오는 부지런일 수도 있다.

여유를 가지고 적당히 키워서는 아이의 삶이 불행해질 것 같고,

그런 생각만 하면 조바심이 나고 불안하기 때문이다.

아이를 키울수록 아이의 미래를 보장할 수 없다는

무력감을 점점 더 느끼지만,

일단 최선을 다해 부지런하게라도 살다보면

불안이 조금은 줄어드는 느낌이 든다.

조금이라도 삶이 느슨해지면 상쇄되었던 불안이

한꺼번에 더 크게 몰려오기도 한다.

사실 아이가 좀 크면 엄마가 붙어 있을 일이 줄어드니,

마음먹고 쉬려면 쉴 수 있는 짬이 난다.

집에 있어도 혼자 놀기도 하고

집이 아닌 곳에 혼자 가 있기도 하니까.

하지만 엄마들은 이상하게 쉬려 해도 쉬어지지가 않는다.

엄마에게 정기적인 휴식은 금기처럼,

부지런함은 미덕처럼 여겨진다.

시어머니, 남편, 심지어 친정엄마도

은연중에 그런 생각을 하는 게 느껴져

참 속상하고 서럽기도 하지만

잘 따져보면 스스로 그런 생각을 하는 경우가 많다.

불안해서 부지런하게 살고 있는데

휴식을 하면 불안한 감정이 자꾸 자극되기 때문이다.

또 죄책감이 몰려오기도 한다.

불안하지 않고 죄책감 갖지 않는 상태,

즉 부지런한 상태가 휴식보다 차라리 편하니까

엄마들은 대부분 부지런함을 택하는 것이다.

문제는 엄마의 부지런함과 쉬지 못함이

아이에게도 고스란히 전해진다는 것이다.

부모가 쉴 때 쉬고 놀 때 놀고

공부할 때 공부해야 한다고 말은 하지만,

부모의 휴식을 경험하지 못한 아이 입장에선

쉴 때도 뭔가 이러면 안 될 것 같다는 불편한 생각이 든다.

그러면 쉬어도 이완되는 게 아니고 긴장해야 하니,

집중해서 뭔가를 해야 할 때에도

집중이 잘 되지 않고 멍해지는 것이다.

더 중요한 건 아이가 그런 자신을 바라보면서,

'나는 왜 이렇게 부지런하지 못한가'

'나는 왜 이렇게 게으른 사람인가'

'나는 왜 이렇게 한심한 사람인가'라며 자책하며

점점 위축된다는 점이다.

엄마는 슈퍼우먼도 아니고 기계도 아닌 사람이라서

무리한 삶을 계속 살면 체력적으로 방전되는 순간이 찾아온다.

신체적 건강은 심리적 건강에 영향을 미친다.

불안을 에너지원으로 삼고,

부지런함을 통해 불안을 상쇄시키다보면,

오히려 불안에 더 민감해져

불안이 조금만 자극되어도 폭발한다.

자주 폭발하고 그런 모습을 자책하다보면

결국 심리적으로도 방전되는 순간이 온다.

그래서인지 정말 희한하게도 아이가 어린이집에 가고,

유치원에 가고, 초등학교에 가고, 중학교에 가면

엄마 마음에 점점 여유가 생길 것 같은데,

정반대로 짜증과 분노와 죄책감이 더 잦아진다.

사실 이 모든 것들이 나 하나 희생해서라도

아이 잘 키워보려고 한 건데,

결국은 이이를 더 못 키우는 느낌을 들게 만들어

엄마를 혼란스럽게 하는 것이다.

늘 바쁘게 사는 삶, 부지런하게 사는 삶이

그래서 좋은 것만은 아니다.

엄마니까 늘 부지런해야 하는 게 아니라,

엄마니까 종종 게을러져야 한다.

'어떻게 하면 부지런히 이 모든 걸 다 할까'가 아니라

'어떻게 하면 좀 덜 할 수 있을까' 생각해야 한다.

이런 얘기를 드리면 거부감이 먼저 들 수 있다.

엄마에게 게으름은 금기어처럼 여겨지기 때문이다.

아무리 노력해도 게으름이 잘 안 된다면

차라리 정말 부지런해야 할 것에 부지런해지자.

길게 봤을 때에 가장 이상적인 육아는

더 이상 할 게 없는 완벽한 육아가 아니라

더 이상 뺄 게 없는 미니멀 육아다.

덜 중요한 것들을 빼다 보면 하나만 남는다.

그건 바로 일상에서 맺는 '부모와 아이의 친밀감'이다

20년 이상 이것만 잘 유지해도 부모 역할은 성공이다.

아이와 친밀감을 꾸준히 유지하는 것만큼

아이와 엄마에게 안정감을 주는 것은 없다.

다른 것보다 아이와의 관계에 부지런해짐으로써

그 이외에 해줘야 할 것 같은 수많은 것들엔 조금 게을러지자.

Me-time

엄마들의 부지런함은

아이를 향한 순수한 열정일 수도 있지만

내 불안을 보상하기 위한 부지런함일 수도 있다.

두 아이 키우는 일이
너무 힘들 때

아이가 둘이 되면 먼저 신체적으로 힘들다.

아이가 둘이면 옷도 두 배. 그 옷을 입히는 노동도 두 배.

신발도 두 배, 그 신발을 신기는 노동도 두 배.

빨래도 두 배, 그 빨래를 널고 개는 노동도 두 배.

밥을 차릴 때에도 음식량뿐만 아니라

숟가락, 포크, 젓가락 2개씩 차려야 하고,

아이와 관련된 설거지도, 심지어 간식도 2배로 늘어난다.

한 아이 한 번 업어주면 다른 아이도 한 번 업어줘야 하고,

기분 내켜서 목마 한 번 태워주면

다른 아이도 한 번 태워줘야 하고,

모든 요구사항을 다 들어주다보면 끝이 없다.

아이가 둘이 되면 몸이 두 배로 힘든 게 아니라

제곱으로 힘들다.

한 예로, 한 아이 한 번 업어주면

다른 아이도 한 번 업어줘야 해서 힘든 게 아니다.

한 아이가 업어달라 하면, 그 아이를 아직 업지도 않았는데

잘 걷던 다른 아이가 갑자기 자기도 업히고 싶다고

자기 먼저 업어달라며 싸움이 시작된다.

겨우 순서를 정해 업어줬는데 이제는 안 내리겠다고 버티고,

기다린 아이는 한계가 와서 울고불고.

이런 크고 작은 갈등 순간들을 해결하다가

몸이 4배로 힘들어지는 신기한 경험을 하게 되는 것이다.

엄마들은 이때 몸뿐만 아니라 마음까지 힘들다.

1대1 관계에 비해 1대2 관계는 훨씬 복잡하다.

아이도 독립적인 인격을 가진 사람인지라

1대2의 관계에서는 시기, 질투가 생기기 마련이다.

엄마들은 머리로는 그게 당연하다고 생각해도

티격태격하는 순간마다 화나는 순간이 많다.

그런데 화가 나면서도 진짜 힘든 이유는 따로 있다.

바로 엄마 특유의 미안한 감정이 커지기 때문이다.

한 아이에게 뭔가를 해줄 때

다른 아이에게 똑같이 해주지 못할 때의 미안함,

또 첫째라서 생길 수밖에 없는 미안함과

둘째라서 생기는 미안함은 각각 다르다.

첫째에게는 당연하기만 하던 부모 사랑을

더 이상 독차지할 수 없게 해서 미안하다.

둘째가 태어나자마자 퇴행하고,

둘째 경계하느라 노심초사한 첫째 모습을 보면

둘째를 가지지 말 걸 그랬나,

좀 늦게 가질 걸 그랬나 하는 생각이 든다.

첫째도 아직은 어린아이인데,

둘째와 비교하면 다 큰 아이인 것 같아

더 엄하게 대해 미안하기도 하다.

종종 둘째를 맡기고 첫째와 오붓한 시간을 보내면,

그때 엄마 아빠 양손 잡고

온몸으로 행복을 만끽하는 모습에 마음이 복잡해진다.

둘째를 보면, 첫째는 그나마 독차지하던 시절이라도 있었지만 둘째는 그런 시절 자체가 없으니 또 미안하다.

첫째는 사진도 동영상도 많이 찍고

출력도 하고 동영상 편집도 해서 기록으로 남겼는데,

둘째는 더 이상 그럴 여유가 없어 미안하다.

그리고 아이들에게 미안한 이유가 또 있다.

열 손가락 깨물면 안 아픈 손가락 없긴 한데

문제는 손가락이 생긴 게 다 다르다는 것이다.

그래서 조금 더 끌리는 손가락이 있다는 점 때문에 미안하다.

어릴 적 편애 받은 상처가 있어서

머리로는 균형감 있게 똑같이 사랑하고 싶은데,

마음으로는 나도 모르게 자연스럽게 한 아이에게

더 관심이 가기도 하니, 그게 또 미안하고 자괴감마저 든다.

결국 이런저런 복잡한 마음으로 감정적 시너지 역시 4배가 된다.

두 아이 이상 키우는 엄마들은

신체적 그리고 심리적 한계를 경험하면서

아이 한 명 키울 때처럼 집중하지 못하고 상호작용을 못하니,

바람직한 양육을 하지 못한다는 생각에 힘들어한다.

근데 그때 신기한 일이 벌어진다.

나도 모르게 육아 내공이 업그레이드되는 것이다.

아이를 양쪽 팔로 하나씩 안고 재울 수 있는 능력,

한 아이 먹이며 다른 아이와 대화할 수 있는 능력 등

둘째 케어에 첫째를 이용할 수 있는 능력이 생긴다.

진정한 내공은 첫째에겐 통하던 것들이

둘째에겐 통하지 않는다는 것을 깨달을 때

또 한 번 업그레이드된다.

단유, 수면교육, 식습관훈련, 배변훈련 등

첫째에게 하던 대로 둘째에게 적용하면

통하지 않는 경우가 많다.

그리고 아이는 내가 아무리 노력으로 바꾸려 해도

타고난 기질은 무시할 수 없다는 것도 알게 된다.

기질 반 양육 반의 진리를 경험하게 되는 것이다.

그동안 엄마 역할에 대해 어찌 보면 교만했다는 걸 깨닫고,

'아키텍키즈(젊은 부모들의 치밀하고 체계적인 육아 방식)'의 압박감에서

조금은 자유로워지기 시작한다.

요즘 아이를 키우다보면 해야 할 것들, 해줘야 할 것들,

엄마가 가져야 할 덕목들이 많아도 너무 많다.

하지만 아이 둘 이상을 키우다보면 버릴 건 버리는 능력이 생긴다.

그동안의 완벽함을 조금은 내려놓는다.

두 아이 이상을 키우다보면 신체적, 감정적 한계 때문에

엄마로서 꼭 해야 하는 것만 하고,

어찌 보면 최소한의 육아만 하고,

나머지는 아이에게 맡기는 부분도 생기고

또 기관이나 다른 사람에게 맡기는 부분도 생긴다.

한 예로 둘째를 임신해서 첫째를 계획보다 빨리

어린이집에 보내면 걱정이 많이 들지만,

어린이집에서 나보다 더 많은 걸 해주고

나보다 더 좋은 밥을 먹인다는 점을 깨닫게 된다.

또 어린이집에 보내고 엄마의 몸과 마음에 여유가 생기면,

그게 아이에게 선순환으로 돌아간다는 걸 깨닫기도 한다.

다른 예로 동생을 괴롭히는 첫째를 떼어놓기 위해

주말엔 아빠가 첫째를 데리고 나가서

군것질을 하든 험하게 놀든

둘이 시간을 보내고 오기도 한다.

남편이 아이 보는 스타일이 마음에 들지 않고,

남편 혼자 보는 게 불안해서

온전히 아이를 맡기지 못하던 엄마들도,

둘을 키우다보면 자연스럽게

부부 공동육아가 이루어지는 경우가 꽤 많다.

이렇게 신체적, 감정적 시너지 때문에

굉장한 조급함을 경험하기도 하지만

이런 거시적 관점이 생기니

오히려 또 다른 여유를 경험하기도 하는 것이다.

둘이 되어도 경제적 수입은 같거나

오히려 둘을 케어하느라

한쪽이 경제활동을 못 하면 수입이 줄기도 해서

두 아이를 키우게 되면

미리부터 걱정이 드는 건 당연하다.

그런데 두 아이를 키우다보면 또 다른 신기한 경험을 한다.

예전엔 다른 집과 비교되며 아이에게 미안했던 부분이

육아에 힘을 빼면서 전혀 다른 관점으로

접근하게 된다는 것이다.

그리고 내가 가진 사랑을 나눠줘야 한다는

뼈를 깎는 고통을 계속 느낄 줄 알았는데

내가 가진 사랑의 용량 자체가 커지는 경험 또한 한다.

하나였을 때는 아이를 보며 이보다 더 큰 행복이 있을까

무한한 행복감을 느꼈다면,

둘이 되면 각자 예쁘고 각자 행복감을 느끼니

일단 행복감이 배가 된다.

게다가 몸과 마음이 4배 힘든 것처럼,

둘이 서로를 위하고 챙겨줄 땐 물론이고,

둘이 같이 앉아 있는 것만 봐도, 둘이 같이 자는 것만 봐도,

둘이 같이 노는 것만 봐도

그 감동과 사랑의 시너지가 4배로 느껴진다.

두 아이를 키운다는 건 분명 몸과 마음이 힘든 일이다.

하지만 뭔가 마음이 풍성해지는

설명하기 어려운 신기한 경험을 한다.

둘을 키우든, 셋을 키우든, 넷을 키우든

다들 '어떻게든 다 키우게 된다'라고 하는 말은

많은 의미를 함축한다.

이 글이 둘째를 고민 중인 분들에게 참고가 되면 좋겠고,

다둥이를 키우는 분들에게 힘이 되면 좋겠다.

다둥이를 키우는 엄마들이

진짜 힘든 이유는

엄마 특유의 미안한 감정이

커지기 때문이다.

마　음　대　로
아　프　지　도　못　할　때

엄마가 되면 몸이 여기저기 아프다.

그리고 아픈 것에 참 익숙해진다.

출산 이후 산후조리는커녕 낮이고 밤이고 젖 물리느라

가슴 통증, 허리 통증이 시작된다.

그 후에도 아이를 먹여주고, 안아주고, 업어주고,

재워주고, 씻겨주고, 입혀주면서

자신도 모르게 무리한 자세가 누적된다.

더구나 면역력이나 신체 건강에 가장 중요한

먹는 것과 자는 것이 불규칙해지면서

머리, 어깨, 무릎, 발, 손목, 허리 등 온몸이 다 아프다.

불규칙적으로 먹어서 위염을 달고 살고

관절에 무리가 가서 목, 손목, 허리디스크도 달고 산다.

늘 손발이 부어 있고 체력이 고갈된 상태여서 만성피로를 경험한다.

너무 자주 아프지만 매번 아프다고 말할 수도 없다.

남편에게 말해봤자 맨날 아프냐는 말이 비수를 꽂고,

아이는 엄마가 아프다고 배려해줄리 없다.

엄마가 아프면 아이를 돌보는 일부터 시작해서

모든 집안일이 올스톱되니 엄마는 사실 마음대로 아플 수도 없다.

그렇게 아픔과 익숙해지고 참고 견디다가

진짜 큰 병이 나기도 하는 게 바로 엄마의 삶이다.

종종 아이가 아프면

아이 대신 내가 아프면 좋겠다고 생각했었는데,

실제 내가 병이 나면 그리 만만치가 않다.

아이가 입원하면 엄마가 아이를 돌볼 수 있지만,

엄마가 입원하면 아이를 누군가에게 맡겨야 하고,

아픈 엄마는 간병받기도 힘들다.

간병해줄 남편이나 친정엄마, 또는 시어머니는

아이를 돌봐야 하기 때문이다.

그런데 엄마가 아픈 곳 중에 가장 아픈 곳은 어디일까?

그곳은 바로 마음이다.

몸이 아프면 마음이 더 아프고,

마음이 아프면 몸도 덩달아 더 아프다.

실제로 신체질환이 우울증을 유발하는 경우가 많고,

몸이 여기저기 아파 검사를 했는데 별 이상이 없다면

우울증의 또 다른 형태인 경우가 많다.

몸과 마음이 아파서 아이를 돌보기 힘든 지경이 되면,

아파서 아이를 돌보지 못한다는 생각에

아이에게 미안한 마음까지 생긴다.

허리디스크에 걸려서 아이를 안거나 업지 않아야 하는데,

아이들은 아빠랑 할머니가 안아준다 해도

누워 있는 엄마 품에라도 올라가 안기고 싶어 한다.

엄마는 그 모습을 보고 있자면 또 마음이 아프고,

마음이 울적해서 아이 앞에서 눈물이라도 보이면,

아이가 엄마의 슬픔을 인식하는 것 같아 마음이 더 힘들다.

회복을 위해 친정 또는 시댁에

아이를 맡겨야 하는 상황이 되면

아이에게 또 미안한 마음이 생긴다.

사실 아이는 엄마 마음처럼

그 상황을 비관적으로 인식하지도 않고

생각보다 잘 지내는데도 불구하고

엄마들은 그런 마음을 달고 산다.

이렇게 몸과 마음이 아플 때는

상황을 비관적으로 인식하기 쉽다.

엄마가 아픈 건 둘째치고라도

아이는 물론이고 온 가족이 고생하는 것 같아 미안해한다.

'왜 하필 아파가지고'라고 자책을 하거나,

처지를 비관하거나 운이 나쁘다고 인식한다.

하지만 이럴 때는 쉬엄쉬엄하라고

내 몸과 마음이 주는 신호라고 생각해야 한다.

그동안 무리해서 지금 아픈 거고,

아이를 좀 덜 돌봐도 된다는 신호로 인식하면 된다.

몸과 마음이 아프면

최대한 친정, 시댁, 친구, 남편, 돌보미 가리지 말고

모든 방법을 동원해 아이를 맡기자.

아픈 데도 어쩔 수 없이 아이를 봐야 한다면

평소보다 힘을 많이 빼서 케어하자.

어린이집에 평소보다 오래 맡기고,

아이 혼자 노는 시간을 최대한 늘려도 괜찮다.

방치하는 느낌이 들더라도 일단 엄마 건강 회복이 최우선이다.

그래도 미안한 마음이 든다면, 그것 역시 신호로 생각하자.

그만큼 내 몸과 마음이 힘들어서

과도하게 미안해하고 있다는 신호다.

더 좋은 건 평소에 미리 컨디션을 조절하는 것이다.

몸에, 또 마음에 무리가 많이 가는 것 같다면

아이 돌보는 일에 조금은 소홀해지자.

그리고 그만큼 내 자신을 돌보자.

육아에선 페이스 조절이 가장 중요하다.

Me-time

몸과 마음이 아플 때는

상황을 비관적으로 인식하기 쉽다.

하지만 이럴 때는 쉬엄쉬엄하라고

내 몸과 마음이 주는 신호라고 생각해야 한다.

한 가지 생각에 꽂혀
헤어 나올 수 없을 때

요즘 엄마로 살다보면 사소한 것에 집착하기 쉽다.

쉽게 말하면 어떤 생각에 자주 꽂힌다.

아이 키우기 험한 세상이다보니 의심도 늘어난다.

앱에서 제공하는 미세먼지 수치가 맞는지,

육아용품부터 아이용 식품이 믿을 만한지,

어린이집이나 유치원 선생님이 좋은 분인지,

아이와 어딜 가려 해도 거기가 위험한 곳은 아닌지 생각하다보면

나도 모르게 어느새 불안과 두려움이 밀려온다.

더 깊게 생각하다보면 불안과 두려움에 압도된다.

그러다보면 어떤 대상 자체에 확신이 없는 것을 넘어

과연 내가 맞을까 틀릴까 끊임없이 생각한다.

내 육아 방식에 대한 확신이 없으니

그것 역시 끝없이 확인한다.

나아가 내가 하는 생각, 감정까지

내 안에서 일어나는 것임에도 불구하고

맞는지 틀린지 끊임없이 생각한다.

이런저런 생각을 하고 따지다보면 점점 초조해진다.

어느 정도 충분히 따져봤다는 결론을 내고 나서야

잠시나마 안도한다.

이렇게 반복적으로 끊임없이 생각하고 따져보는 생각을

'강박적 생각'이라고 한다.

사람은 불안하고 두려우면 나름대로 대책을 강구한다.

불안과 두려움을 막기 위한 행동,

바로 자주 꼼꼼하게 확인하는 것이다.

미세먼지 앱도 여러 개 깔아놓고 비교하고,

육아용품 하나를 사더라도 믿을 만한 업체인지 검색하고,

맘카페나 블로그에서 사용후기들을 꼼꼼히 찾아본다.

특히 아이가 다니는 기관만큼 불안한 게 없으니,

온라인에 있는 정보뿐 아니라 입소문까지 수집한다.

이런 행동은 아이가 자랄수록

아이의 일거수일투족까지 확인하면서

급기야는 아이의 행동을 간섭하는 것으로 이어진다.

이에 그치지 않고 자신의 행동도 자꾸 확인한다.

맞는지 틀리는지, 남들은 어떤지 계속 찾아본다.

나만 유별난 것 같으면 더 불안해지고,

남들도 그렇다는 것을 알면 안도한다.

그렇게 확인하고 찾아보는 것이 습관이 된다.

반복적으로 끊임없이 하는 이런 행동을

'강박적 행동'이라고 한다.

엄마가 되고 생각과 행동이 많은 것은

아이를 잘 키우고 싶고 잘하고 싶은 것이라

나쁘다고 볼 수는 없지만

스스로 고통스럽고,

또 아이를 돌보는 데에 지장이 있다면

나를 되돌아봐야 한다.

누구에게나 한정된 24시간이 주어진다.

하지만 강박적 성향을 가진 사람들은

하나를 하느라 다른 걸 놓치는 경우가 많다.

덜 중요한 걸 하느라 중요한 걸 놓치는 셈이다.

하나하나 꼼꼼하게 확인하고 정확하게 하다보면,

그런 애씀이 단순히 신체적으로 무리가 될 뿐 아니라

알게 모르게 심리적으로 부담이 된다.

그래서 어떤 일이 주어질 때,

시작 자체를 미루고 미적대고 꾸물대거나 느리게 한다.

결코 게으른 게 아닌데, 마음은 참 부지런한 건데

겉으로 보면 게을러 보인다.

바로 '강박적 느림'이라는 강박의 개념이다.

보통은 생활에 지장이 있을 정도로

생각이 많고 행동이 많은 걸 스스로도 알고 있다.

알지만 반복하기 쉬운 것 또한 강박이다.

강박 생각과 행동은 그저 현상일 뿐이고

이면에 다른 원인이 있다.

엄마로 살다보면 매일 반복되는 일상이 무미건조해지고

갑자기 몰려오는 허전함에 우울해지기까지 한다.

엄마의 삶을 사느라 내 자신의 감정을 잃어버렸기 때문이다.

아이를 키우다보면 욱하는 일도 많고

불안한 감정이 수시로 든다.

그 감정의 에너지가 커지고 반복되다보면

엄마도 아이도 힘들다.

결국 욱하면서 불안한 감정은 억누르고,

감정 없는 생각만 의식화한다.

감정을 피하기 위해 지성을 사용하는 것이다.

끊임없이 지성을 사용해서 생각을 한다.

사소한 것들에서조차 논리적 의구심을 가지는가 하면,

중요한 정보가 아니어도 자료를 계속 수집한다.

사소한 것에 몰두하는 것 자체는 문제가 되지 않지만

사소한 것에 몰두하면서 감정을 피하는 건 문제가 된다.

그러다보면 인간관계에서 중요한 덕목인

융통성이 없어지고 경직된다.

아이와의 관계에서도 마찬가지다.

생각을 하며 피하는 것 이외에도

행동을 하며 피하는 것이 있다.

자꾸 확인하는 반복적인 행동 또한

불안한 감정이 드는 것 자체를 줄이기 위한 행동이다.

마음이 복잡할 때 수건을 차곡차곡 개거나

정리정돈을 하는 것도 마찬가지다.

정리를 하다보면 마음이 조금 편해지기 때문이다.

자기 마음은 스스로 정리할 수 없기 때문에

정리하는 행동을 함으로써 마음이 편해지게 하는 것이다.

강박적 생각, 강박적 행동 모두

감정을 억눌렀을 때 생긴다.

감정이 많이 억눌렸다는 건,

그 감정이 그만큼 많이 힘들었다는 증거다.

감당하기엔 힘든 감정이니까

나도 모르게 생각과 행동을 하며

감정을 더 억누른 것이다.

결과적으로는 나 자신과 아이를 더 힘들게 한 셈이다.

그래서 강박적으로 생각과 행동이 많아지면

내 마음이 주는 신호로 여겨야 한다.

이제 내 감정을 억누르지 말고 찾으라는 신호,

타인의 시선에서 자유로워지라는 신호,

부모, 남편, 아이의 기대와 시선 때문에

원하지도 않는 일을 하면서 그걸 사랑이라고

스스로 세뇌시키지 말라는 신호,

나 자신보다도 먼저 남을 의식하는 내 모습을 발견하라는 신호,

그 신호를 알아차려야 조금씩 강박에서 벗어날 수 있다.

그래야 아이에게 의지하거나 집착하지 않고

편안한 마음으로 사랑할 수 있다.

그래야만 가식이 아닌 진짜 소통을 할 수 있다.

아이와 진실한 소통을 하고 싶은 건

모든 엄마의 마음이지만,

아이를 키우다보면 오히려 얄팍한 소통에 익숙해지기 쉽다.

나의 감정을 끌어안지 못하고,

온전히 감싸 안지 못하는 상태로는

아이의 감정을 온전히 끌어안을 수 없다.

사람 사이의 관계는 논리가 아닌 감성이다.

생각이 아닌 감정으로 만들어진다.

엄마로 살면 나 스스로 감당할 수 없을 정도로

복잡한 감정에 압도될 때가 많을 것이다.

그런 감정 상태가 아이에게 전해질까 봐 엄마들은 노심초사한다.

하지만 아이에게 들킬까 봐 감정을 숨기고 억누르다보면,

아이와 상호작용하는 것 자체가 자연스럽지 않고

스트레스가 되기 때문에 부담으로 다가오기 마련이다.

많은 생각을 하고 많은 행동을 하는 게

아이와의 감정 소통을 피하기 위한

나도 몰랐던 장치일 수 있다.

먼저 나의 감정을 소중히 여기자.

그래야 나를 소중히 여길 수 있다.

내 감정을 아이와 공유하기를 두려워하기보다

있는 그대로의 내 감정을 인식하는 게 훨씬 건강하다.

아이와의 관계뿐만 아니라

제한되고 각색된 감정으로는

그 누구와도 편안한 관계를 맺을 수 없다.

Me-time

나의 감정을 온전히

감싸 안지 못하는 상태로는

아이의 감정을 온전히 끌어안을 수 없다.

아 이 챙 기 느 라
부부 사이가 멀어진다고 느낄 때

아이를 키우다보면 여유가 없으니

부부간 대화는 사치 같을 때가 있다.

모처럼 알콩달콩 대화가 오가는 날엔 꼭 아이가 훼방을 놓는다.

그때 아이는 꼭 궁금하지도 않은 걸 물어보고

별로 중요하지도 않은 말을 반복한다.

일부러 그러는 거 같아서 물어보면

엄마 아빠가 얘기하는 게 싫다고,

무조건 자기 얘기만 들어달라고 말한다.

그렇게 부부간 대화는 자연스레 뒷전으로 밀린다.

어쩌다 아이로부터 해방된 순간이 와도

각자 스마트폰을 보거나 TV를 보게 되고,

각자 자연스럽게 스트레스를 푼다.

아이 키우는 집이 다 그러려니 하지만,

이런 패턴이 반복되면 점점 문제가 생긴다.

사소한 일에도 오해가 생기고 자주 다툼으로 번진다.

개떡같이 말해도 찰떡같이 알아들었는데

이렇게 말이 안 통할 수가 있다니,

처음부터 성격이 안 맞는 사람이었는데 이제야 알았다면서

부부 인연에 대한 의구심마저 드는 말도 내뱉는다.

초반엔 갈등이 생기면 해결할 의지라도 있었는데,

언젠가부터 남편 아내 모두 지쳐

이런 문제를 예방할 여유도,

해결할 의지도 없는 지경에까지 이른다.

아무리 금슬이 좋던 부부도 부모가 되면 점점 균열이 생긴다.

아이가 우선이 되면서 부부관계는 자연스럽게 뒷전으로 밀리고,

아이에게 계속 신경을 써야 하니 대화할 때도 주의가 분산된다.

눈으로는 아이를 보면서 남편에게 말을 걸기도 하고,

가뜩이나 늘 조급한데 온전히 집중하지도 못하니

적절한 의식의 필터 없이 말이 나와 서로 감정이 상한다.

거기다 심리적, 신체적 부담감까지 겹치면

사소한 갈등이 다툼으로 이어지기 쉽다.

아이가 없었을 때엔 그날 대화로 풀거나

아니면 몸의 대화로라도 해결했지만,

아이가 생기고 난 이후에는

부부 단둘이 화해할 시간을 내기가 쉽지 않다.

늘 시간이 부족하고 여유가 없어서

부부간에도 '요점만 간단히' 말하는 의사소통을 습관처럼 한다.

'팩트'만 짧고 굵게 공유하고 집안에서도 톡 대화에 익숙해진다.

그러다보면 사소한 오해들이 쌓인다.

아이 키우느라 몸과 마음이 힘든 상태에서는

배우자가 별 뜻 없이 한 말도 한번 꼬아서 인식하기 쉽다.

남자는 본능적으로 과정보다는

문제 해결 중심, 결과 중심의 생각을 한다.

부부간 갈등은 명확한 해결 방법이 없는 경우가 많아서

서로의 생각과 감정을 공유하면 되는데,

남편 입장에서는 그게 쓸데없이 느껴진다.

아내 입장에서 명절날 시월드와의 만남 이후

불편했던 감정을 이야기해도,

남편 입장에서는 딱히 해결 방법이 없으니까
'아~ 됐어. 그만해'라며 다그친다.

아내는 힘든 마음을 공감받고 싶었을 뿐인데,

오히려 거절받고 무시받는 느낌을 받는 것이다.

남편이 더 이상 내 편이 아닌 것 같다는 생각은

이러다 사랑받지 못하고 심지어 버림받을지도 모른다는

무의식적인 불안과 두려움의 감정을 낳는다.

아내의 심리적 안정감이 송두리째 흔들린다.

그래서 아내는 다음번에 대화 기회가 생기면

예전에 상처받은 경험까지 생각나서

그 말을 하다가 또 감정이 격해진 나머지

비난조의 말을 연거푸하게 된다.

한 마디 할 것도 두 마디 세 마디,

나중엔 열 마디까지 하며 남편을 공격한다.

불안과 두려움이 큰 나머지

밤새도록 말을 해도 할 말이 많이 남은 이유다.

그래서인지 한 리서치 결과

남편이 가장 두려워하는 아내의 한마디는,

'당신 나랑 잠깐 얘기 좀 해'라고 한다.

말처럼 잠깐이 아닌 걸 수많은 경험을 통해 알고 있기 때문이다.

초반엔 남편이 핑계를 대기도 하고 방어하느라 역공격도 한다.

아내 입장에서는 그러는 남편이 괘씸하지만

더 불안해지고 두려워진다.

그래서 비난이 아닌 더 센 걸 한다.

바로 '경멸'이라는 인신공격이다.

남편 입장에서는 인신공격을 받으면 심적인 타격이 꽤 크다.

내 힘으로는 이 관계를 해결할 수 없다는,

남자에겐 최악의 감정인 무력감을 느끼게 하기 때문이다.

심적인 타격이 심하지만 어차피 해결을 못할 것 같고,

자칫하면 가정이 파괴될 수 있다는 생각까지 한다.

그래서 남편 입장에서는 가정을 지키기 위해서

최후의 방법을 쓰는데, 그것은 아내와 심리적 거리를 두는 것이다.

아내는 남편이 자신과 거리를 두고

피하는 것 같은 느낌에 더욱 민감해진다.

그냥 둬서는 남편이 더 멀리 달아날 것 같아

더 불안해지고 두려워진다.

가정이 파탄나면 우리 아이는 어떻게 될까,

이런저런 상상의 날개를 펼치는 분들도 있다.

결국 남편과의 거리를 좁히기 위해

더 열심히 힘을 내서 쫓아가고,

남편 입장에서는 무섭게 쫓아오는 아내와 부딪혀서

자신도 꾹 참고 있던 걸 터뜨리면

진짜 일이 커질 것 같아 더 열심히 도망간다.

부부간에 참 흔한 '회피형 남편 – 추적형 아내'라는

악순환의 고리이다.

이런 부부관계 패턴이 지속되다보면

아내는 사랑받지 못할까 봐, 심지어 버려질까 봐

더 불안해지고 더 두려워진다.

남편을 붙들기 위한 행동이 집착으로 이어지기도 한다.

하지만 이럴 때일수록

조금은 덜 쫓아가는 게 도움이 된다.

그런다고 남편과 멀어지지 않는다.

남편도 가정을 지키고 싶어서 회피하는 것이기 때문이다.

오히려 압박감을 덜 주면 남편은 덜 도망간다.

덜 쫓아가면 덜 도망가는 것, 어찌 보면 당연하다.

조금 구체적인 팁을 드리자면

갈등 상황이 생겼을 때 추궁을 덜 하면 된다.

아내 입장에서는 추궁한 적이 없는 것 같지만

잔소리가 바로 추궁이다.

모든 남편은 아내의 잔소리를

알레르기가 일어날 정도로 싫어하는데

잔소리는 거창한 게 아니다. 한 말 또 하고 또 하는 것이다.

아내 입장에서는 한 번 얘기하면 듣는 둥 마는 둥이거나,

또 한 귀로 듣고 두 귀로 흘리는 것 같아

답답하고 불안해서 계속 말하는 거지만,

남편 입장에서는 점점 대화를 피하고 싶을 뿐이다.

그러니 열 마디 하고 싶은 순간엔 다섯 마디 정도로 해보자.

2보 전진을 위한 1보 후퇴 전략이다.

그래서 부부는 문제가 있을 때에만 대화를 하는 게 아니라

아무 일 없어도 평소에 대화하는 게 중요하다.

육아에 지치고 여유가 없을수록

부부만의 시간을 습관화해야 한다.

아이를 재운 뒤 늦은 밤이나, 또는 이른 아침

부부가 서로의 대화에만 집중하는 시간을

하루 10분이라도 루틴 일과로 정하는 게 좋다.

부부 3쌍 중 1쌍은 하루 10분 미만의 대화를 한다고 한다.

부부간 대화가 원활하지 못하면

15년 이내에 이혼할 확률이 94퍼센트나 된다고 한다.

대화할 때 '추궁과 회피'라는 악순환의 고리에 휩쓸리지 말고,

내가 말할 차례엔 배우자가 아닌 내가 주어가 되어

상황과 마음을 그냥 공유해야 한다.

내가 들을 차례엔 내가 아닌 배우자가 인식한

상황과 마음을 그냥 들어야 한다.

사실 부부간 갈등은 논리적인 합의점을 찾는 게 거의 불가능하다.

그래서 해결 방안을 찾지 못하더라도

사이좋게 대화하는 것만으로도 성공이다.

부부는 성격이 반대인 사람들이 만나기 마련이라서

대부분 부부관도 육아관도 반대일 수밖에 없다.

섣불리 간극을 좁히거나 일치시키려 하지 말고

규칙적으로 자신의 생각과 감정을 공유하고

상대방의 생각과 감정을 들어주자.

이런 대화는 마음의 여유가 필요해서

조급한 일상에서 하기는 힘들다.

그럴 때엔 아이 없이 데이트하는 게 도움이 된다.

한 달에 한 번이라도 데이트하는 시간을

사수해보려고 노력해보고,

연애 때나 신혼 때 자주 가던 데이트 장소를 가보자.

예전의 좋았던 감정 기억이 되살아나기도 하고,

상대에 대한 불만과 부정적인 생각도 균형이 잡힌다.

데이트 시간만큼은 아이에 대한 대화를 자제하고,

부부만의 추억을 떠올리거나,

아이를 다 키우고 나서 함께할

부부의 미래에 대해 공유해보는 것도 좋은 방법이다.

아이를 다 키우고 나면

언젠가 아이는 떠나고 부부관계만 남는다.

결국엔 날 떠날 아이를 키우느라

가장 소중한 부부관계를 뒷전으로 미루지 말자.

Me-time

육아에 지치고 여유가 없을수록

부부만의 시간을 습관화해야 한다.

Chapter 04

엄마 반 아이 반 균형 육아

: 아이를 사랑하는 만큼 엄마 자신도 사랑해주세요

엄 마 다 워 야   한 다 는
생 각 이   들   때

처음 임신했을 때를 생각해보자.

임신을 확인하자마자 갑자기 개과천선한다.

입에 달고 살던 욕도 안 하고 좋은 말만 하고,

나쁜 음식 다 끊고 좋은 것만 먹는다.

또 잘생기고 예쁜 연예인 사진이나 좋은 그림만 본다.

왠지 그래야 뱃속에 있는 아이에게

좋은 엄마가 된 것 같기 때문이다.

그런데 지금은 어떤 엄마인가?

아마도 스스로 '나는 이런 엄마다'라고

정의내리기 쉽지 않을 것이다.

엄마들은 요즘 말로 다중이이기 때문이다.
사실 다중이는 이상한 게 아니라 정상이다.

"내 속엔 내가 너무도 많아"

<가시나무> 노래 가사 중 한 구절이다.
엄마 마음속에 크게 자리 잡은 모습 중 하나가
'엄마다운 나'의 모습이다.
전문용어로 엄마의 '페르소나'라고 한다.
페르소나(고대 그리스 가면 연극에서 사용하던 '가면')는
사회적으로 보이고 싶은 가짜 모습을 의미한다.

엄마가 되는 순간,
아니 그전부터 우리에게는 엄마 페르소나가 있다.
갖고 싶지 않아도 집단적으로 가지고 있는 무의식이다.
엄마가 아이를 학대하는 기사라도 나면
실시간 검색어에 오르고 댓글도 풍성해지는 이유는,
사람들이 가지고 있는 엄마에 대한 기대치,
엄마라는 페르소나 때문이다.

이런 페르소나를 가진 직업군이 몇 개 있다.

연예인, 종교인, 정치인 등등.

이분들에게는 사람들이 기대하는 이상적인 인격이 있다.

그래서 이런 직업을 가진 분들은

그 이미지를 유지하느라 굉장히 힘들어 한다.

자기도 모르게 그게 본연의 자기 자신이라고 착각하기도 한다.

하지만 말 그대로 착각이다.

성인군자가 아닌 이상,

불가능한 것을 가능하게 여기다보면 부작용이 일어난다.

페르소나가 점점 팽창하다보면 풍선처럼 빵! 하고 터진다.

페르소나로서의 인격과 본연의 인격이

극과 극으로 분열되는 것이다.

평소 이미지와 다른 정반대 행동으로

사건의 중심에 서게 되는 공인들을 생각해보면

더 쉽게 이해할 수 있을 것이다.

안타깝지만 엄마도 마찬가지다.

자신도 모르게 생긴 엄마다움과 엄마 페르소나로 살아간다.

나쁘다고 볼 수는 없지만 본성을 무시하면서까지

엄마의 모습만 보이려고 하면

내 몸과 마음이 신호를 보내 무의식적인 갈등을 표현한다.

우울하고 불안하고 머리가 아프거나 짜증이 나고,

감정 조절이 되지 않고, 아이에게 화내고 소리를 지르게 된다.

그런 일이 반복된다면,

자책하거나 무조건 억누르려고 애쓸 게 아니라

엄마로서의 삶에 문제가 있다는 신호로 봐야 한다.

뭔가 바뀌어야 한다고 내 몸과 마음이 신호를 보내는 것이다.

즉 본성을 무시하지 말라는 신호이다.

내 마음이 내가 바라던 엄마다움이 아니라고 해서

그런 신호를 무시하다보면 결국 문제가 더 커진다.

밖에서는 좋은 엄마 이미지를 유지하려 노력하지만,

그게 본성과 차이가 커질수록 팽팽해지다가 결국엔 터진다.

극단적으로 가족을 떠나거나,

또 아이를 방치하거나 학대하는 식이다.

아이러니하게도 좋은 엄마가 되고 싶었을 뿐인데

결과적으로는 평소 내 본연의 인성보다

더 나쁜 엄마가 되는 것이다.

그럼 어떻게 해야 할까?

페르소나를 버려야 할까?

아니면 엄마다움을 포기해야 할까?

엄마다움은 꼭 필요하다!

하지만 그게 나다움과 동의어는 아니다.

엄마다움은 궁극적인 목적이 아니고,

아이를 키우기 위해 필요한 수단일 뿐이다.

온화한 엄마, 배려심 깊은 엄마,

헌신하는 엄마가 목적이 될 수 없다.

온화할 때도 있고 그렇지 못할 때도 있는 게

오히려 자연스럽다.

가면을 쓰고 그 가면에 맞는 역할을 해야 할 때가 있지만,

'가면'을 쓰고 있다고 해서 그게 '나' 자체는 아니다.

엄마다움이라는 가면을 쓸 때도 있지만 벗을 때도 있어야 한다.

엄마 페르소나를 인식하는 것이

페르소나와 내 본연의 모습을 구분하는 시작이다.

나도 모르게 나와 동일시했던

엄마의 페르소나를 생각해보고 어디에든 적어보자.

예를 들어,

– 나는 아이를 단 한 번도 실망시키지 않는 엄마

- 나는 아이 보기에 부끄럽지 않을 만큼 근면 성실한 엄마

- 나는 누구에게나 부러움을 살 정도로 몸매가 멋진 엄마

- 나는 내가 먼저 공부하는 모습을 보여주는 엄마

- 나는 우리 아이 친구 잘 만들어주는 엄마

- 나는 아이와 잘 놀아주는 엄마

- 나는 아이를 잘 훈육하는 엄마

- 나는 언제나 꾸미는 엄마

- 나는 똑똑한 엄마

- 나는 뭐든지 잘하는 엄마

생각보다 내 자신과 페르소나의 구분은 어렵다.

엄마다움이라는 가면을 잠시 벗었더니 본연의 나다움,

내 본성이 뭐였는지 기억조차 나지 않을 때가 많다.

그동안 엄마다움에만 나를 맞추고 살아

나 자신이 없어지고 있었으니까 어쩌면 당연하다.

오늘 나의 엄마다움, 나의 페르소나를 한 번 적어보자.

그리고 그 모습과 내 진짜 모습을 구분하는 시간을 꼭 갖자.

그게 내가 추구하던 엄마다움에

오히려 더 가까워질 수 있는 방법이다.

Me-time

엄마다움은 꼭 필요하다!

하지만 그게 나다움과 동의어는 아니다.

대　충　먹　는　데　도
살　이　　찔　　때

엄마가 되면 지금까지 한 번도 경험하지 못한
식습관의 변화를 경험한다. 쉽게 말해 흡입한다!
보다 효율적으로 흡입하기 위해 도둑밥을 만들어 먹기도 한다.

신생아 때엔 아이가 낮이고 밤이고 2시간마다 먹으니
먹이고 트림시키고 재우고 기저귀 갈고를 무한반복한다.
틈틈이 젖병 삶고 애기 옷 빨래하고
애가 먼지 먹을까 봐 방청소 하다보면
밥 먹을 시간 내기가 쉽지 않다.
오전에서 오후로 넘어갈 때 도저히 안 되겠어서
밥에 있는 반찬 다 넣고 비벼

아이 옆에서 도둑밥 아점을 먹는 게

아이 키우는 엄마들의 일상이다.

애가 이유식이나 밥 먹을 정도로 크면

인간답게 밥 먹을 거라 꿈꿨는데,

여유롭게 애 한 숟갈 먹이고 나 한 숟갈 먹을 줄 알았는데,

현실은 애 한 숟갈 먹이고, 나 한 숟갈 먹으려 하면

바로 또 달라고 징징거린다.

더 커서 숟가락으로 먹게 되면 상황이 좀 나아질 줄 알았는데,

이번에는 숟가락이나 음식을 바닥에 떨어뜨렸다고 주워달라고,

입, 손, 옷에 음식이 묻었으니 닦아달라고 계속 징징댄다.

아이의 요구에 재빨리 반응하는

좋은 엄마가 되기 위해서가 아니라

나를 예민하게 만드는 주파수의 징징 소리가 듣기 싫어서

아이의 요구사항을 하나하나 해결하다보면

결국 엄마는 밥 먹을 시간이 없다.

그래서 작전을 바꿔본다.

'애 먼저 먹이고 여유롭게 먹자!'

하지만 현실은 애 먼저 먹이고 나중에 엄마가 먹으려 하면

자기 다 먹었다고, 이젠 놀아달라고, 책 읽어달라고

이것저것 요구가 시작된다.

아이가 조용히 있는 날엔

여유롭게 먹을 수 있겠거니 했는데,

어디선가 사고를 쳐서 뒷처리를 해야 하는 상황이 생긴다.

그래서 아이가 어리든 어리지 않든 결론은 비슷하다.

바로 흡입!

배고플 때만 불규칙하게 흡입하듯 식사를 하는 건

육아하는 엄마들의 공통점이다.

이 식습관은 폭식증의 흔한 원인으로,

사람 몸은 신기하게도 규칙적인 삼시세끼가

주어지지 않으면 비상사태로 인식한다.

만약을 위해 지방을 비축하는 것은 물론

비상사태에 맞게끔 몸과 마음이 세팅된다.

전문용어로 '교감신경 항진'이라고 한다.

그 결과 혈압, 맥박 등이 조절되지 않고

쉽게 긴장 상태에 놓여 흥분하고 조급해진다.

가뜩이나 아이 때문에 여유가 없는데

조급해지기까지 하니 더 빨리 먹게 된다.

빨리 먹으면 그만큼 상대적으로

포만감이 늦게 오기 때문에 과식하기 마련이다.

이게 반복되다보면 당 떨어지는 느낌을

잘 견디지 못하는 상태가 되고,

그래서 중간중간 달달한 간식을 먹게 되는 것이다.

아이 키우기 전엔 아메리카노에 시럽 넣는 건

커피에 대한 모독인 줄 알았다.

근데 아이를 키우다보니 당 떨어지는 느낌을

견딜 수가 없어서 시럽으로도 부족해진다.

처음부터 아예 달달한 게 당긴다.

그러다보면 얼굴엔 둥근해가 뜨고 몸은 점점 불어난다.

그 얼굴과 몸매를 볼 때마다 엄마들은 짜증이 난다.

육아 자체가 스트레스인데 외모 때문에 더 스트레스를 받는다.

이런 스트레스를 해소하려고

또다시 흡입하는 악순환이 엄마의 일상에선 반복된다.

이처럼 부정적인 감정 상태는 폭식과 관련이 많다.

실제로 폭식증은 우울, 불안, 분노, 죄책감, 자존감 저하,

완벽주의, 공허함, 외로움 같은 부정적인 감정 상태일 때 생긴다.

이런 감정들은 엄마로 살면서 자주 경험하는 육아감정과도 비슷하다.
폭식이 반복되면 이런 감정들이 더 강화된다.
엄마로 살다보면 감정을 억누르기 쉽다.
억울하게도 억눌린 감정 자체가 또 폭식으로 이어진다.
좋은 엄마가 되어야 한다는 압박감 때문에 감정을 억누르다보면
쌓인 만큼 또 흡입으로 이어지는 것이다.

엄마가 폭식을 하고 살이 찐다면
그건 게을러서도 아니고 조절력이 부족해서도 아니다.
내 몸이 나 자신을 챙겨달라는 신호를 온몸으로 보내는 것이다.
스스로 내 자신을 자책할 게 아니라 이럴 때일수록 잘 먹어야 한다.

잘 먹는다는 건 많이 먹는 게 아니라
천천히 여유롭게 먹는 거다.
그런데 아이와 여유는 절대 공존할 수 없다.
조급함과 흡입이라는 좋지 않은 습관을 바꾸기 위해서는
일주일에 1~2번이라도 아이 없이 식사를 해야 한다.

그러려면 다른 사람의 도움이 꼭 필요하다.

친정, 시댁, 돌보미 서비스, 어린이집 등이 있지만,

우선은 남편의 도움이 필요하다.

문제는 남편들은 여유로운 식사의 절박함을

아무리 말해도 모른다는 것이다.

나쁜 사람이어서가 아니라 겪어보지 않았기 때문이다.

살쪘다고 게걸스럽게 먹는다고 잔소리하는 남편이 있다면

밥 먹을 때 무조건 애 옆에서 먹게 하자.

엄마는 한 칸 옆에서 먹거나 다른 시간에 먹자.

아이가 아빠 옆에서 잘 먹지 않아도 눈 딱 감고 버려야 한다.

잘 먹는다는 건 규칙적으로 먹는 것이다.

배고플 때만 대충 챙겨먹는 습관을 버려야 한다.

아무리 바빠도 하루 3끼 적절한 양을 규칙적으로 먹자.

아이 먹였으면 치우기 전에,

아이가 놀아달라 징징대도 엄마도 꼭 챙겨 먹자.

이보다 더 좋은 건, 아이가 밥 달라고 징징대도

아이 한 숟갈, 나 한 숟갈 먹는 것이다.

규칙적으로 제때 식사를 해야

포만감이 조절되고 과식을 하지 않는다.

엄마가 잘 먹어야 신체적으로 심리적으로 건강해지고,

그게 고스란히 아이에게, 또는 남편에게 전달된다.

엄마 반 아이 반의 균형 관점을 확실히 갖고

아이 먹이는 것만큼 엄마 먹는 것에 신경 쓰자.

잘 먹는다는 건 규칙적으로 먹는 것이다.

배고플 때만 대충 챙겨먹는 습관을 버리자.

좋은 며느리는 되고 싶지만
명절과 시댁은 힘들 때

몸도 마음도 피곤하던

레지던트 1년차 병동 주치의 시절,

설이나 추석 연휴 같은 명절이 정말 싫었다.

남들 다 쉬는데 병동을 지킨답시고

당직을 해야 했기 때문만은 아니었다.

입원 환자 중, 남성 분들은 명절 쇠러 가야 한다며

명절 전에 퇴원시켜달라고 애원했고,

반대로 대부분의 며느리들은

명절 지나고 퇴원하면 안 되겠냐고 애원했다.

거의 다 나았던 우울증인데

갑자기 잠이 안 온다, 갑자기 불안하다 등등.

정신과 이외의 다른 과 환자분들도 마찬가지였다.

병원에서는 명절이 다가오면 호전되던 병이

다시 악화되는 분이 많다.

심지어 명절 연휴 전날이나 전전날 꼭 입원시켜달라며

외래 진료를 보는 며느리 분들도 있었다.

그때는 그게 어느 정도는 꾀병인 줄 알았는데

사람 마음과 몸에 대해 알아가면서,

결코 꾀병이 아닌 걸 알게 되었다.

반복되던 명절 스트레스가 떠오르면서

무의식적으로 회피할 방법을 찾는 것이다.

그러면 참 신기하게도 잘 회복되던 몸과 마음이

다시 아프기 시작한다. 멀쩡하던 몸과 마음도 아파온다.

사실 대부분 한국 며느리들에게 명절은 부담스럽고

피할 수 있다면 피하고 싶은 날이다.

아무리 시부모님이 편하게 해주신들 몸과 마음은 편하지가 않다.

편하게 해주신다고 생각하는 것도 그들만의, 남편만의 착각이다.

간혹 시어머니와 코드도 잘 맞고

크게 불편하지 않은 분들도 있지만

시월드 질량 보존 법칙에 의해

시아버지나 시누이, 시고모가 불편한 경우가 많다.

그 와중에 시부모님이 안 계시거나 외국에 사셔서

연휴 때 편하게 놀러가는 엄마들을 SNS에서 마주하면

상대적 박탈감 때문에 더 화가 난다.

거기다 '시누이 보고 친정 가라'는 시부모님 말씀에

그분께 눈짓을 아무리 줘도 안 보이는 건지

못 본 척하는 건지 눈치를 채지 못할 때면 가슴이 답답하다.

그러니 며느리들이 명절 때마다 울화가 치밀고

신경질이 나는 건 어쩌면 당연할지도 모른다.

그래서인지 명절 직후엔 이혼 소송이 많다.

부부 상담 또한 늘어난다.

그렇다면 대한민국 며느리들은 왜

명절마다 마음이 이렇게 불편할까?

그 내면을 살펴보면 상반된 마음이 대립하는 경우가 많다.

시댁 가기 싫은 마음

VS

좋은 며느리로 보이고 싶은 마음

두 마음을 가진 것 자체가 이미 나쁜 며느리인 것 같아서,

그 생각과 감정을 억눌러서 마음이 불편하다.

불편한 감정이 해소되지 않으면 몸으로라도 표현된다.

두통, 소화불량, 근육통, 울렁증 등,

명절증후군이 그래서 나타나는 것이다.

몸이 불편하니 더 신경질이 나고 짜증이 난다.

명절 지내는 와중에도 기왕 간 거

좋게좋게 지내고 싶어서 몸과 마음을 더 무리한다.

하지만 그 결심과 동시에 시월드의 한 마디는 비수를 꽂는다.

그때마다 복잡한 생각과 감정이 들지만

그것 자체가 나쁜 마음인 것 같고

좋은 며느리가 아닌 것 같아 그 생각과 감정을 또 억누른다.

그 감정을 해소하지 못하고

결국 돌아오는 길에 쌓였던 모든 감정을

남편을 향해 빵 하고 터트리는 식이다.

남편에게 시월드의 이런저런 말이

상처가 되었다는 마음을 말해봤자,

이미 감정적으로 표현했기에

남편은 상처받은 마음을 이해해주지 못한다.

남편은 핑계 대며 둘러대거나 자기도 힘들었다고 하고,

우리 부모님은 비교적 좋은 분이라 하고,

심지어 나를 속 좁다고 비난까지 한다.

그렇게 상처는 두 배, 세 배가 된다.

시월드 문화가 바뀌면 좋지만

불가능에 가깝다는 걸 이미 많은 분들이 알고 계실 것이다.

남편의 정서적 지지가 참 중요하지만

불가능에 가깝다는 것 역시 알고 계실 것이다.

그래서 내 마음은 다른 사람이 아닌 내가 지켜야 한다.

마음이 복잡해서 회피하고 싶을수록

오히려 속마음을 잘 들여다봐야 한다.

내 마음속에서 일어나는 생각과 감정은

100퍼센트 타당하다는 마음가짐을 가지고 들여다보자.

어떤 마음이어도 괜찮다.

명절이 부담스럽다고 나쁜 며느리가 되는 것도 아니다.

정말 나쁜 며느리는 명절 스트레스도 없고 명절증후군도 없다.

오히려 착한 며느리들이 경험한다.

어떤 마음이든 "그저 자연스러운 거다!"라고

내 마음을 수용하자.

- 시댁 가기 싫은 게 자연스러운 거다!

- 시어머니 보기 싫은 게 자연스러운 거다!

- 시누이 더 보기 싫은 게 자연스러운 거다!

- 시월드의 어떤 멘트가 비수를 꽂을지 몰라서
두렵고 피하고 싶은 게 자연스러운 거다!

- 여자들만 일하는 거 불만인 게 자연스러운 거다!

- 친정 빨리 가고 싶은 게 자연스러운 거다!

내가 '두 가지 상반된 마음 때문에 더 힘들구나'
'내가 이상한 사람, 못된 며느리가 아니구나'라고
자신의 마음을 이해하면 오히려 부담이 줄어든다.
'그래도 좀 너무한 거 아닌가' 싶은 생각이 든다면
한 번 잘 생각해보자.

평생 명절 한 번만 지낼 거 아니고,
앞으로 몇 년 몇십 년 더 지내야 한다.
좋은 며느리 되려고 10년 이상 노력해본 분들은
이미 경험했을 것이다.
결국엔 나만 더 상처받거나, 시월드와 관계가 더 안 좋아지거나,
시월드와 연을 끊게 되거나, 이혼을 하게 되거나.
아니면 이 모든 걸 다 참고 견뎠더니 그게 당연한 건 줄 알고

더 많은 걸 기대해 결국 나만 큰 병을 얻게 되거나 한다.

누구나 불편하고 부담스러워서
일단 피하고 싶은 마음이 있듯이,
한편으로는 좋은 며느리로 보이고 싶은
소망 또한 어느 정도 있다.
좋은 며느리에 대한 소망이 클수록
아이러니하게도 내 마음은 더 힘들다.
좋은 며느리에 대한 부담감을 좀 덜어내고
얼핏 보면 나쁜 며느리 같아 보일 수 있는
내 마음의 자연스러운 본성을 좀 더 들여다봐야 한다.
그래야 장기적으로도 시월드와 어느 정도 잘 지낼 수 있다.

물론 좋은 며느리 페르소나는 나 혼자 만든 게 아니다.
좋은 엄마 페르소나와 마찬가지로
누구나 기대하는 집단 무의식이다.

이제부터 불편한 요구는 조금씩 거절해보자.
거절은 좋은 며느리 페르소나를
자기 본성과 구분할 수 있는
방법적인 측면이 되기도 한다.

시월드와 남편의 모든 요구를

내 몸과 마음에 무리될 정도로

다 들어주다보면 결국 나만 힘들다.

나도 모르게 은근히 좋은 며느리 페르소나에 길들여지고,

그런 인정에 은근히 만족하게 되면 그 인정에 중독된다.

그리고 주변 사람들은 그런 당신에게

좋은 며느리의 모습을 계속 기대한다.

그러니 익숙하지 않고 복잡한 마음이 들어서

행동으로 옮기기 꺼려지더라도

조금씩 거절하는 연습을 해보자.

아이러니하게도 길게 보면

좋은 아내, 좋은 며느리로 사는 방법이다.

Me-time

내 마음은 다른 사람이 아닌

내가 지켜야 한다.

다른　사람들이
유독　신경　쓰일　때

엄마로 살다보면 사람들을 대할 때 참 조심스러워진다.

결혼하면 시부모님이 조심스럽다가,

출산 후엔 갓난아이가 조심스럽다가,

아이가 점점 자라갈수록 아이로 인해 형성되는

엄마들 관계는 물론이고,

선생님, 등하원 차량 기사 아저씨, 동네 사람 등

조심스러운 사람이 점점 많아진다.

조심스러우니 우선은 친절해진다.

친절해서 나쁠 건 없으니까 왠지 친절해야 할 것 같다.

더구나 다른 사람과의 관계에서 보이는 내 모습이

아이에게 여러 영향을 미칠 것 같고,

그런 이유로 시간과 에너지를 써서 다른 사람에게 친절하고,

또 도움을 주면 좋은 반응이 돌아오니 더 친절하려고 노력한다.

몸은 좀 불편하더라도 좋은 반응을 얻으면

조심스러움과 불안감은 안도감으로 바뀌어

큰 만족감을 느끼게 하기 때문이다.

그렇게 친절에 익숙해지다보면

점점 관계가 편해져야 할 것 같은데,

오히려 관계가 점점 부담스러워진다.

몸은 불편해도 마음은 편했는데

어느새 마음조차도 편하지 않다.

사람이기 때문에 결국 한계가 오는 것이다.

나는 이렇게 친절하게 행동하는데

반응이 그에 못 미치면 섭섭해지고,

문득문득 사소한 상황이 떠올라

무시받는 느낌에 화가 나기도 한다.

그런 심리적 갈등이 내 육아 일상에까지 영향을 미쳐,

적당히 친절할 걸, 적당히 거리를 유지할 걸 후회한다.

그리고 친절에 대한 과도한 마음이

아이에게 영향을 주었다는 걸 나중에서야 알기도 한다.

나도 모르는 사이에 친절에 집착하고 있었고,

아이도 그렇게 자랐던 것이다.

아이 입장에서 누구보다 마음 편해야 할

엄마와의 관계가 편하지 않아,

감정적인 모습을 숨기고

자기주장도 잘 하지 않는 아이로 자란 것이다.

아이가 사람들과 갈등을 겪는 상황에서 위축되고

자기주장을 못하는 저자세를 지니는 식이다.

어릴 땐 친구들과 별 문제도 없고, 선생님께도 칭찬 듣는

상대적으로 키우기 수월한 아이였는데

점점 문제가 드러나기 시작한다.

좋은 의도로 몸과 마음을 다해 열심히 살아보려고 한 건데,

딱히 잘못한 건 없는 것 같은데 왜 이렇게 흘러간 걸까?

① 다른 사람을 배려하는 것

② 내 욕구를 억압하면서까지 다른 사람을 나보다

우선순위에 두는 것

이 둘은 분명히 다르다.

엄마로 살다보면 포장된 겉모습 없이는

스스로를 매력적이라고 여기기가 쉽지 않다.

있는 그대로의 모습을 보이면

상대방이 나를 어떻게 볼지,

어떻게 반응할지 걱정이 먼저 앞선다.

포장된 모습이 아니면 나를 싫어할 것 같은 마음도 든다.

스스로를 매력적이라고 여기지 않고

존중받을 만한 사람이라고 여기지 않으면

어느새 자기 욕구가 그리 중요하지 않은 게 되어버리는 것이다.

그래서 배려를 넘어 손해보고 희생하는

몸과 마음이 불편한 삶을 반복한다.

사실 인간관계에서 갈등은 필연적이다.

여러모로 복잡한 관계인 엄마의 삶에선 더 그럴 수밖에 없다.

갈등 자체가 지나치게 부담스러워,

그걸 피하고 싶어서 지나친 친절함을 택하기도 한다.

머리로는 그게 불가능한 걸 알면서도

마음으로는 모든 사람이 나를 좋게 보면 좋겠고,

한 사람이라도 나를 안 좋게 보는 게 너무 싫다.

그래서 늘 친절한 행동을 하지만 매사가 부담스럽고 힘들다.

아이 키우는 자체만으로도 힘든데

내 몸과 마음이 점점 축나게 되는 식이다.

사실 아이에게 친절하기만도 힘든데,

엄마들은 다른 것에 지나치게 친절한 에너지를 쓴다.

이걸 머리로는 알지만 마음으로는 내키지 않아서

행동은 더더욱 안 될 때는 어떻게 해야 할까?

지금까지 무의식적으로 하던 행동을

갑자기 의도적으로 바꾸는 건 참 어렵다.

하지만 행동 이면의 내 마음만 잘 알아도

마음이 편해져 행동이 자연스러워진다.

친절하고 싶은 마음을 잘 들여다보면

아이러니하게도 배려받고 존중받고 싶은 마음이 숨어 있다.

스스로 존중받을 만한 사람으로 여기지 않아

존중받고 싶은 마음이 더 커진 것이다.

사람에게 존중받고 싶은 욕구는 아주 중요한 욕구다.

엄마로 살다보면 남이 나를 어떻게 볼지

지나치게 신경이 쓰이지만

오히려 그럴수록 내가 나를 어떻게 보는지 신경 써야 한다.

다른 사람에게 친절하고 싶을 때

그럴수록 오히려 내 자신에게 친절해야 하는 이유다.

왜냐하면 이 모든 게 나에게

신경 쓰지 못하고, 친절하지 못했다는

내 마음의 신호이기 때문이다.

내가 나를 존중함으로써

나를 바라보는 내 시선이 편안하고 자연스러워야 한다.

그렇지 않으면 다른 사람이 나를 어떻게 보는지에

지나치게 몰입하기 쉽다.

다른 사람보다 나에게 친절하자.

나에게 진심으로 친절한 사람이

다른 사람에게도 진심으로 친절할 수 있다.

타인을 의식하는 친절은 자연스럽지 않기 때문에

결국 깊고 돈독한 관계로 이어질 수 없다.

Me-time

친절하고 싶은 마음을 잘 들여다보면

아이러니하게도 배려받고 존중받고 싶은

마음이 숨어 있다.

친 정 엄 마 에 게
복잡한 감정을 느낄 때

임신을 하고 출산을 하면서 엄마가 되면,
친정엄마가 그렇게 자주 생각난다.
'나를 이렇게 고생해서 낳아주시고 키워주셨구나' 생각하면
새삼스레 고마운 마음도 들고 뭔가 감회가 새롭다.
하지만 그 마음은 그리 오래가지 않는다.
친정엄마 도움으로 산후조리를 하고 신생아를 키우면서
엄마와 자꾸만 부딪히기 때문이다.

비록 실전 경험은 별로 없지만
육아서와 인터넷 정보로 공부한 게 있는데,
친정엄마들은 딸이 키우고 싶은 방식과는 다르게

친정엄마 나름의 육아관을 강요한다.

육아서에서는 적절한 온도를 유지해줘야 한다는데

친정엄마들은 아이 춥다고 답답할 만큼 껴입히는가 하면,

알레르기가 생길지도 모를 음식이나

지금 개월 수에 먹이지 말아야 할 음식을

괜찮다며 먹이기도 한다.

엄마들은 아이가 클수록 키우는 게 더 힘들어지고

신체적·감정적 한계를 경험하면서

친정엄마에 대해 점점 더 복잡한 마음을 느낀다.

새삼스레 고마운 마음도 들고

철없던 시절이 미안해서 눈물이 나기도 한다.

하지만 역시 오래가지는 않는다.

아이를 키우다보면 어릴 때 엄마가 나를

대하던 모습이 자꾸 생각나고,

이런저런 잊혔던 장면들이 떠올라

억울하고 화가 나기 때문이다.

나 키울 때와는 다르게 손주라고

무조건 예뻐해주기만 하는 걸 보면

'나도 좀 이렇게 키워주지' 하는 아쉬움마저 든다.

요즘 엄마들은 어린이날 어디 갈지,

생일엔 어떤 선물을 줄지,

또 크리스마스엔 어떤 이벤트를 해줄지 고민을 많이 한다.

하지만 그때 뭔가 씁쓸한 기억이 스윽 지나간다.

'나 어렸을 때 우리 엄마는 왜 이렇게 못해줬을까?'

이처럼 아이를 키우면 키울수록

전보다 친정엄마가 이해되기도 하지만

그와는 반대로 뭐라고 설명하긴 힘든

불편하고 복잡한 감정이 든다.

엄마들을 상담해보면 결혼을 한 여러 이유 중에

친정엄마(친정부모)에게서 벗어나고 싶어서

결혼한 경우가 의외로 많다.

결혼만이 유일한 돌파구였는데,

아이 키우느라 또는 일을 해야 해서

울며 겨자 먹기로 친정엄마에게 또 의지해야 하는

아이러니한 상황을 마주한다.

내 마음 알아주기보다는 일거수일투족을 간섭하고,

형제자매, 친척, 친구와 비교하던

친정엄마의 그늘을 벗어나고 싶어서

그토록 원하던 독립(결혼)을 했는데,

새로운 가정을 꾸리고 아이를 키우면서,

여전히 친정엄마의 영향을 받을 수밖에 없는

현실의 나에게 실망스러워지는 것이다.

또 바쁘게 아이를 키우다 겨우 정신을 차리고 보니

내가 싫어하던 친정엄마의 모습을

아이에게 보이는 순간을 발견한다.

감정에 따라 폭언하던 엄마의 말 한마디 한마디가

상처로 남아 있는데,

나도 모르게 똑같이 아이에게 폭언을 하고 있는 것이다.

어려서부터 가부장적인 아빠에게 평생 맞춰 산

엄마의 고충을 늘 봐왔고 아빠가 밉기도 했지만,

한편으로는 자식 핑계 대면서

아빠의 틀을 극복하지 못하는 엄마가 답답하기도 했다.

그런데 자신도 아빠와 크게 다르지 않은

남편을 고른 것 같고, 자신도 어느덧 친정엄마처럼

아이 때문에 울며 겨자 먹기로 남편에게 맞춰주며

살고 있는 것 같아서 더 화가 난다.

친정엄마한테 슬쩍 남편 흉을 보면서도

그것에 동의하는 친정엄마가 밉기도 하고,

그러게 처음부터 반대하지 않았냐고

말 안 듣더니 잘 됐다고 할 때엔 결국 내 탓인 것만 같아서 우울해진다.

사실 친정엄마만큼 아이 키우는 엄마의 삶에

심리적 갈등을 주는 사람도 없다.

엄마와 관련된 복잡한 생각과 감정들을

무시할 수 있으면 참 좋을 텐데,

오랫동안 영향을 받았기 때문에

무시하고 외면할 수가 없다.

엄마와 딸은 세상에 둘도 없는 친구이고

이 세상에서 가장 돈독한 관계이지만,

그만큼 영향을 많이 받고 상처도 많이 받는다.

분명 친정엄마와는 성향도 생각도 가치관도

다르다고 생각하면서도

친정엄마 방식에서 자유롭기 힘든 것이다.

"사랑하든 미워하든 존중하든 거부하든,

엄마는 우리가 처음 경험하는 여성성이며

우리가 최초로 관찰하는 역할모델이다."

– 폴린 페리《엄마와 딸》저자

아이를 키우는 엄마로 살면

친정엄마와 더 가까워질 줄 알았는데,

가장 잘 이해해줄 것 같은 사람이

오히려 이해를 더 못 해주는 것 같아 섭섭한 느낌이 든다.

딱 그냥 내가 필요할 때에 우리 아이만 봐주면 좋겠는데

아이 맡기고 나면 유난히 더 힘든 내색을 하는 것 같아

미안하면서 섭섭한 마음이 동시에 드는 것이다.

생각하면 복잡하고 괴로우니까

가급적 물리적 접촉을 피하고 싶을 때도 많지만,

피하느라 이미 감정적인 에너지를 소진했고

피한다 한들 문득문득 떠오르는 것까진 막지를 못하니 더 힘든 것이다.

정말 아쉽게도 친정엄마와의 관계는

오랫동안 형성된 관계이고

엄마가 된 뒤에 더 복잡한 관계가 되기 때문에

금방 해결이 불가능한 관계다.

그렇다면 친정엄마에게 불편한 마음이 들 때 어떻게 해야 할까?

친정엄마와의 대화중에 문득 느껴지든,

아이를 키우는 중에 문득 느껴지든,

다른 엄마를 보다가 문득 느껴지든,

친정엄마를 향한 나의 고마움과 미안함뿐 아니라

미움, 분노, 억울함, 섭섭함, 짜증 등의 감정은

이미 내 안에 있을 수 있고,

잘 사라지지 않는다는 걸 받아들이는 것이다.

누구나 어릴 때엔 상대적으로 약자다.

복잡한 마음이 있었어도

'지금은 어쩔 수 없으니 좀 참자'라며

감정을 억눌렀을 수 있다.

엄마가 되고 친정엄마가 좀 더 이해되기도 하지만

그만큼 내 감정을 더 억누르는 이유이기도 하다.

'어떻게 딸인 내가 그런 마음을 가질까?'

'그래도 낳아주고 길러주셨는데.'

'그러면 안 되지. 마음을 고쳐먹자.'

처음엔 이런 식으로 극복해보려고 마음으로 노력을 한다.

하지만 별로 도움이 안 된다는 걸 경험했을 것이다.

오히려 내가 어떤 생각과 감정을 경험해도

'내 입장에서는 그럴 수 있다'라는 인식을 갖는 것이 좋다.

그래야 자연스럽게 내 감정을 들여다볼 수 있다.

내 마음속에서만큼은 어떤 일이 벌어져도

패륜아도 아니고 불효녀도 아니다.

그냥 사람이면 누구나 가질 수 있는 자연스러운 감정이다.

자식이라는 페르소나 때문에

엄마와 자식 관계라는 필터 때문에

그래도 좋은 딸이 되고 싶다는 부담감 때문에

제대로 인식하지 못했던 내 감정을

내 스스로 이해해줄 수 있어야 한다.

이건 친정엄마의 입장을 잘 이해하고

마음으로 용서하기 위해서가 아니다.

친정엄마에 대한 복잡한 마음을 경험하는

나 자신을 이해하기 위해서이고,

우리 아이와의 관계를 이해하기 위해서다.

그 과정이 있어야만 친정엄마와 심리적으로 분리될 수 있고,

비로소 친정엄마에 대해 편안한 마음을 가질 수 있다.

무엇보다 우리 아이도 내가 경험한 복잡한 감정 경험 없이

독립적인 인격체로 키울 수가 있다.

친정엄마와 심리적으로 분리하고

적당한 관계를 유지하기 위한 방법이 있다.

친정엄마가 10번 부탁하면 5번만 수용하자.

물론 친정엄마 입장에서는

딸에게 거절받는 느낌이 들어 힘들 수 있다.

딸인 내가 친정엄마에게

괴로운 마음을 제공하는 같은 심리적 부담 역시 크다.

하지만 수십 년간 친정엄마와 심리적 갈등을 겪는 것보다

서로 기대치를 조금씩 낮추고,

심리적으로 독립했다는 것을 보여주는 것이

장기적으로 보면 더 바람직하다.

Me-time

엄마와 딸은 세상에 둘도 없는 친구이고

이 세상에서 가장 돈독한 관계이지만,

그만큼 영향을 많이 받고 상처도 많이 받는다.

엄마가 되고 내 꿈이
무엇이었는지조차 모를 때

많은 사람들이 새해를 맞이할 때마다
새로운 마음가짐을 갖는다.

'새해엔 착하게 살아야지, 부지런해져야지,
공부해야지, 책 읽어야지, 여행 떠나야지,
몸매 관리해야지, 취직해야지, 결혼해야지.'

작심삼일을 수없이 겪었지만
해가 바뀔 땐 또다시 기대하는 마음으로
야심찬 계획을 세운다.
하지만 엄마가 되면 특별한 소망들이 생긴다.

'새해엔 좋은 엄마가 되어야지. 좋은 아내 되어야지.

살림 잘해야지. 아이에게 본이 되어야지.

아이에게 화내지 말아야지. 아이의 말을 경청해야지.

아이 간식 잘 챙겨줘야지. 아이에게 추억 많이 만들어줘야지.'

역시 한해한해 지나며 작심삼일을 수없이 겪어보지만

해가 바뀔 땐 또 기대하는 마음으로 비슷한 계획을 다시 세운다.

엄마로 한해 한해 3년, 5년, 10년 그렇게 지내다보면

새해를 맞이하는 마음에 생각지도 못한 변화가 찾아온다.

새해가 되어도 각오나 소망이 없는 상태가 돼버리는 것이다.

어차피 반복되는 육아 일상은 어제와 오늘이 같고,

오늘과 내일이 같을 것이니 별다른 기대감이 없다.

아이가 한 살 더 먹는 게 새롭고,

내가 한 살 더 먹는 게 슬프지만 그 외엔 별로 새로울 게 없다.

지난해 아이가 별 문제 없이 잘 자란 것처럼

올해에도 그러길 바라고 그냥 유지되기만을 바란다.

현실에 안주하는 느낌이 들면

그게 또 나를 심난하고 아쉽게 하지만

별다른 기대감이 없는 건 어쩔 수 없다.

엄마로서의 내 모습에 매년 기대를 해봤지만

내 의지로 안 되는 걸 수없이 경험했고,

바라는 아이 모습도 매년 기대를 해봤지만

역시 내 의지로 안 되는 걸 수없이 경험했기 때문이다.

그렇게 점점 엄마로서의 꿈과 소망이 사라진다.

더 슬픈 건 엄마로서가 아닌

그냥 나 개인으로서의 꿈과 소망도

이미 사라진 지 오래라는 것이다.

"난 꿈이 있었죠. 버려지고 찢겨 남루하여도.

내 가슴 깊숙이 보물과 같이 간직했던 꿈."

– 〈거위의 꿈〉 中

엄마로 살다보면 이 노래의 가사처럼

깊어도 너무 깊게 꿈을 간직만 하기 쉬운 것 같다.

같은 엄마인데 꿈을 향해 열심히 도전하고

꿈을 이루는 성공담을 보면

부럽지만 동시에 자괴감이 든다.

엄마들과 개인 심리 상담을 할 때에 꿈을 물어본다.

꼬리에 꼬리를 물고 펼쳐지는 이야기를 듣다보면,

억누르고 외면하고 무시하다가 무의식 안에 가둬버린 꿈이

육아 스트레스의 본질에 가까울 때가 많다.

보통은 '애 엄마가 무슨'이라는 생각을 많이 한다.

근데 이 생각만큼 엄마의 행복을 갉아먹는 생각이 없다.

엄마의 심리적 건강을 해치는 생각이다.

잘 따져보면 엄마라는 이름은

아이와의 관계에 국한된 용어일 뿐인데,

보통 엄마들은 내 존재를 그 틀 안에 국한시킨다.

친정엄마나 시어머니 심지어 남편이 비슷한 말을 하면

그 말에 화가 나면서도 결국 그 말에 동조한다.

더구나 그렇게 의욕이 없고 감흥이 없고 소망이 없고

꿈이 없는 상태로 아이를 대하다보면

삶에 대한 아이의 마음가짐에도 영향을 미칠 수밖에 없다.

요즘 아이들은 우리와 달리 별로 어른이 되고 싶지 않아 한다.

아이들 입장에서 가장 가까운 어른인 부모만 봐도

행복해 보이지 않기 때문이다.

아이를 키우는 엄마라는 현실에서

그 꿈이 과연 실현 가능하냐 아니냐는 그리 중요하지 않다.

엄마라는 의식의 필터를 거치고 또 거치다보면

꿈도 소망도 삶의 이유도 결국 사라진다는 점이 중요하다.

우리는 엄마이기 전에 사람이다.

사람에게 새로움을 추구하고, 도전하고,

자아를 실현하고 싶은 욕구는 자연스러운 본능이다.

엄마라는 이유로 자연스러운 본능을 억누르지 말자.

자연스러운 본능을 외면하고 무시하지 말자.

내 안에서 자유롭게 유동하게 하자.

꿈과 소망은 아무도 대신 알려줄 수 없다.

내 안에 있는 꿈을 발견하려면

끊임없이 자신과 대화를 해야 한다.

일이든 취미든 소소한 일상이든

한해가 지나기 전에 하고 싶은 꿈을,

30대, 혹은 40대가 지나기 전에 이루고 싶은 꿈을

엄마로서가 아닌 나 자신으로서

내 마음에 집중해 계획해보자.

아이 엄마라는 필터가 쉽게 없어지지 않아

현실을 고려하지 않고 내 마음에 집중하기란

분명 쉽지 않을 것이다.

그래도 규칙적으로 매일 아이와 분리된 나만의 시간을

꼭 가지려는 계획만큼은 중요하다.

그 시간엔 내 입장과 상황에 대한

아무런 판단을 하지 말고

무의식에 날개를 달아야 한다.

꿈과 소망이 없는 엄마는

아이에게 꿈과 소망을 심어주기 어렵고,

결국 아이 자체가 꿈과 소망이 되어버리기 쉽기 때문이다.

Me-time

우리는 엄마이기 전에 사람이다.

사람에게는 새로움을 추구하고, 도전하고,

자아를 실현하고 싶은 욕구는 자연스러운 본능이다.

엄마라는 이유로 자연스러운 본능을 억누르지 말자.

아이 키우는 엄마들에게 건네는 육아

초판 1쇄 인쇄 2022년 5월 27일
초판 1쇄 발행 2022년 6월 3일

지은이 정우열

펴낸이 박세현
펴낸곳 서랍의 날씨

기획 편집 윤수진 김상희
디자인 이새봄
마케팅 전창열

주소 (우)14557 경기도 부천시 조마루로 385번길 92 부천테크노밸리유1센터 1110호
전화 070-8821-4312 | **팩스** 02-6008-4318
이메일 fandombooks@naver.com
블로그 http://blog.naver.com/fandombooks

출판등록 2009년 7월 9일(제386-251002009000081호)

ISBN 979-11-6169-205-0 (03590)

서랍의날씨는 팬덤북스의 가정/육아, 에세이 브랜드입니다.